安徽省首批"十四五"职业教育规划教材

高等职业教育智能机器人技术专业系列教材

数据通信与

网络技术

Data Communication and

Network technology

主　编　王　斌　徐　蕾

副主编　王　飞　王　蒙

参　编　刘　迪　林　法　王松林　苏菲菲　何　晶　唐国锋

机械工业出版社

CHINA MACHINE PRESS

本书比较系统地介绍了计算机网络的基本概念、数据通信的基础知识、网络传输介质及设备、计算机局域网、Internet 基础及应用、常见网络故障排除、网络操作系统和网络管理、网络安全、无线通信技术、智能机器人操作系统。本书难度适中，理论结合实际，能够反映网络技术的最新发展。为方便读者在学习理论知识的同时巩固所学知识，本书每章都配有练习题。

　　本书可作为高等职业院校智能机器人技术专业、物联网应用技术专业、计算机应用技术等相关专业的教学用书，也可作为相关工程技术人员的自学参考书。

　　本书配有电子课件，凡使用本书作为教材的教师可登录机械工业出版社教育服务网（www.cmpedu.com）注册后免费下载。咨询电话：010-88379375。

图书在版编目（CIP）数据

数据通信与网络技术/王斌，徐蕾主编.—北京：机械工业出版社，2021.7（2023.12重印）
高等职业教育智能机器人技术专业系列教材
ISBN 978-7-111-68355-1

Ⅰ.①数…　Ⅱ.①王…②徐…　Ⅲ.①数据通信-高等职业教育-教材②计算机网络-高等职业教育-教材　Ⅳ.①TN919②TP393

中国版本图书馆CIP数据核字（2021）第102405号

机械工业出版社（北京市百万庄大街22号　邮政编码100037）
策划编辑：薛　礼　责任编辑：薛　礼　刘良超　张翠翠
责任校对：潘　蕊　封面设计：张　静
责任印制：单爱军
北京虎彩文化传播有限公司印刷
2023年12月第1版第4次印刷
184mm×260mm　·　10.75印张　·　264千字
标准书号：ISBN 978-7-111-68355-1
定价：39.00元

电话服务　　　　　　　网络服务
客服电话：010-88361066　机　工　官　网：www.cmpbook.com
　　　　　010-88379833　机　工　官　博：weibo.com/cmp1952
　　　　　010-68326294　金　书　网：www.golden-book.com
封底无防伪标均为盗版　机工教育服务网：www.cmpedu.com

序言

　　智能机器人已经成为全世界科研人员研究的热门领域，但要转化为社会生产力，离不开千千万万一线工作者切切实实地掌握好与智能机器人相关的职业技能。很高兴看到经过来自全国的职业院校老师们和企业工程师们的共同努力，本套"高职高专智能机器人技术专业系列教材"得以出版，这无疑为我国智能机器人从研究层面推广到产业层面夯实了重要基础。在此，我对本套教材的编写者们表示深深的感谢，同时对本套教材的阅读者们寄予厚望。

　　把智能机器人的设计原理转化为一线操作者能掌握的职业技能，是一件不容易掌握难易程度但又非常重要的事情。本套教材恰恰在这一方面做出了重要贡献。从《智能机器人组装与调试》到《智能机器人创新设计》，由浅入深，构成体系。尤其是《机器人操作系统 ROS 原理与应用》一书，突出了机器人操作系统在机器人软件与硬件结合过程中的重要作用，让学生明白机器人的"思想"是怎样在"身体"上执行的。智能机器人是和各个工科技能结合紧密的产品，在研发与产业化过程中，《人工智能概论》《智能机器人技术基础》《机器人传感器原理与应用》阐释基础知识，《嵌入式编程与应用》《数据通信与网络技术》《智能机器人感知技术》传授必备技能，《智能机器人导航与运动控制》是综合水平的重要表现。除此之外，不断出现的新技术同样是值得我们去关注的。

　　在本套教材即将正式出版之际，感谢北京钢铁侠科技有限公司和机械工业出版社的辛苦组织。只有让学生从教材开始就学到社会亟需的技能和产业的先进知识，时刻关注前沿动态和时代发展，才能让新技术更快地转化为新产业，让青年学生更好地成为智能机器人产业的中坚力量。

中国工程院院士

中国科学院计算技术

研究所研究员

Preface 前言

　　数据通信与网络技术是计算机技术和通信技术相互渗透、相互融合而形成的一门交叉学科。当前社会中的数据通信无处不在，信息社会以数据通信为基础，数据通信与网络技术已经成为从事信息科技领域相关研究和应用人员必须掌握的重要技能。

　　本书大胆创新，在编写过程中把复杂、抽象的数据通信与网络技术的主要理论简单化、形象化。本书第 1 章介绍了计算机网络的概念与定义、分类、体系结构和应用案例等内容；第 2 章介绍了数据通信技术的基本概念、数据传输技术、数据交换技术；第 3 章介绍了网络传输介质和网络通信设备的工作原理、特点、应用；第 4 章介绍了局域网的特点、组网技术及 IP 地址、子网掩码和子网划分等内容；第 5 章介绍了常见的 Internet 接入方式、域名管理及应用；第 6 章介绍了常见的网络故障检测工具及解决方法；第 7 章介绍了几种主流的网络操作系统、网络管理协议及网络管理功能；第 8 章介绍了网络安全标准和等级、防火墙技术、计算机病毒防范技术等；第 9 章介绍了短距离无线通信技术、低功耗广域网通信技术、蜂窝移动通信技术；第 10 章介绍了机器人操作系统（ROS）的相关技术和通信模式等方面的基础知识。

　　本书由王斌、徐蕾担任主编，王飞、王蒙担任副主编。王斌负责对本书的编写思路与大纲进行总体策划，并对全书统稿。其中，第 1、2 章由王斌编写，第 3、8 章由徐蕾编写，第 4 章由王飞编写，第 5 章由王蒙编写，第 6 章由林法编写，第 7 章由唐国锋、王松林编写，第 9 章由刘迪、何晶编写，第 10 章由苏菲菲编写。

　　本书在编写过程中到得了安徽机电职业技术学院、烟台汽车工程职业学院、安徽商贸职业技术学院相关老师及北京钢铁侠科技有限公司相关工程师的大力帮助，在此致以衷心的感谢！

　　由于编者水平有限，书中难免存在不足和错误之处，恳请各位专家和广大读者批评指正。

编　者

Contents 目录

第 1 章
计算机网络概述

计算机网络已经渗透到人们工作、生活、学习的各个方面，对社会、经济的发展也起到了巨大的推动作用。本章从计算机网络的形成与发展，计算机网络的概念与功能，计算机网络的组成、分类与拓扑结构，计算机网络的体系结构以及计算机网络案例介绍五个方面出发，介绍计算机网络的基础知识，以使初学者对计算机网络有一个准确、全面的认识，为后续课程的学习打下基础。

1.1 计算机网络的形成与发展

计算机自诞生以来，随着计算机应用技术与通信技术在军事、生产、科学研究等领域的不断应用与发展，逐步形成了计算机网络。在计算机网络形成的初始阶段，解决的是远程计算、数据收集和处理等问题，远程联机系统应运而生；随着计算机技术的发展和服务需求的提升，在远程联机系统的基础上把多台中心计算机相互连接起来，主机与终端之间的通信网络发展为计算机之间资源共享的计算机网络，计算机网络逐步成熟和完善。从 20 世纪 60 年代计算机网络初见雏形开始，把计算机网络的发展过程划分为面向终端的计算机网络、面向通信的计算机网络、面向标准化的计算机网络、面向互联与高速网络的计算机网络四个阶段。

1. 面向终端的计算机网络阶段

20 世纪 60 年代初期，计算机软件技术的发展使得计算机被广泛地应用在军事、生产等领域。为了共享资源，需要对分布在不同地理位置上的计算机中的数据进行收集和处理，在此基础上，结合通信技术，形成了具有通信功能的远程联机系统，如图 1-1a 所示。其基本的组成是在计算机上设置通信装置，使得计算机具备通信功能，然后通过通信线路连接远程的用户终端设备，数据的传输通过通信线路和通信装置完成。

多个终端设备与主机之间的连接最初采用星形连接结构，如图 1-1b 所示，每个终端都采用点对点的专线方式与主机进行连接。随着通信技术的不断进步以及分时系统的发展，终端与主机之间的连接从点 - 点的专线连接演变成多点线路连接以及利用共有的电信网（电报网、电话网、数字数据网等）进行连接，如图 1-1c 所示。

面向终端的计算机网络系统中只有一个主机，各终端通过通信线路共享主机的硬件和软件资源，因此，主机负担过重，资源利用率低。

2. 面向通信的计算机网络阶段

随着计算机技术的不断进步，主机数目和终端数目都在不断增加，同时网络所覆盖的范围也在不断扩大，面向终端的计算机网络已逐渐无法满足数据通信的需求。其中，最主要的问题在于电话、电报网的线路在数据传输速率和质量上无法满足数据通信的要求，数据通

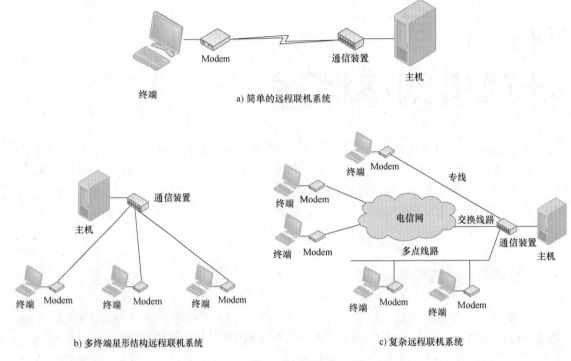

a) 简单的远程联机系统

b) 多终端星形结构远程联机系统

c) 复杂远程联机系统

图 1-1　面向终端的计算机网络

信体制和网络体系结构标准不统一，不同厂商设备之间的兼容性较差。

　　20世纪60年代中期，英国国家物理实验室（National Physical Laboratory，NPL）的戴维斯（Davies）提出了分组（Packet）的概念。1969年，美国的分组交换网——ARPA网络投入运行，使计算机网络的通信方式由终端与计算机之间的通信发展到计算机与计算机之间的通信。

　　分组交换网是一种面向通信的计算机网络，如图1-2所示。主机系统可以直接连接到网络的节点上，同时主机系统可以包含大量的终端，这样网络数据通信和终端数据处理界定开来，这也是"资源子网"和"通信子网"概念的由来。

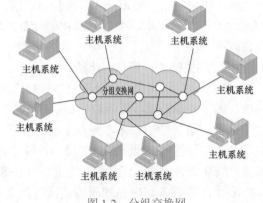

图 1-2　分组交换网

3. 面向标准化的计算机网络阶段

　　经过前两个阶段的发展，计算机网络中的通信技术、组网方法以及相关理论的研究逐渐成熟。各大计算机及网络公司在进行网络产品研发和生产的过程中，发布了各自的标准体系。1974年，IBM公司在世界上首先提出了完整的计算机网络体系结构标准化的概念，宣布了SNA标准。DEC公司公布了DNA数字网络体系结构，Univac公司公布了DCA数据通信体系结构，Burroughs公司公布了BNA宝来网络体系结构等，这些网络体系结构只在一个公司范围内有效，遵从某种标准的、能够互联的网络通信产品，只是同一公司生产的同构型设备。

众多不同的专用网络体系标准给不同网络间的互联带来了很大的不便，也不利于计算机网络的发展。鉴于此种情况，国际标准化组织（ISO）于 1977 年成立了 SC16（开放系统互联分委员会），在研究、吸取各个计算机制造厂商网络体系结构标准化经验的基础上，开始制定开放系统互联的统一系列标准，并且在 1984 年正式颁布了"开放系统互联基本参考模型"的国际标准（OSI）。OSI 参考模型的提出打通了计算机网络走向开放标准化的道路，同时也标志着计算机网络的发展步入了成熟的阶段。

4. 面向互联与高速网络的计算机网络阶段

20 世纪 60 年代，美国联邦政府开发了 ARPANET 网，这也是互联网的前身。1971 年，美国工程师雷·汤姆林森（Ray Tomlinson）开发出了电子邮件。此后，ARPANET 的技术开始向大学等研究机构普及。1983 年，ARPANET 宣布将逐步把过去的协议"NCP（网络控制协议）"过渡到新协议"TCP/IP（传输控制协议 / 互联网协议）"。1991 年，CERN（欧洲粒子物理研究所）的科学家提姆·伯纳斯李（Tim Berners-Lee）开发出了万维网（World Wide Web，WWW），此后互联网开始向社会大众普及。现在，Internet 包括了几十万个全球范围内的局域网，这些局域网通过主干广域网互联起来。在互联网上，每天增加上百万的新网页，成为现实社会最大的信息公告板。与此同时，电子商务、电子政务的发展，进一步促进了信息技术的应用，随着通信技术的长足发展与网络技术的紧密结合，电信网络、电视网络与计算机网络向着融合统一的趋势发展。

目前，全球以 Internet 为核心的高速计算机互联网络已经形成，Internet 已经成为人类最重要的、最大的知识宝库。网络互联和高速计算机网络成为第四代计算机网络。

1.2 计算机网络的概念与功能

1.2.1 计算机网络的概念

从计算机网络的发展历程中，人们可以看出，计算机网络典型的功能就是进行设备互联和数据共享，而要完成这样的功能需要具备三个基本要素：首先，要有两台或两台以上具备独立工作能力的计算机，并且它们之间有数据通信或资源共享的需求；其次，要求相应的通信设备和传输线路来实现计算机之间的互联；最后，计算机之间的通信需要遵循标准的通信协议。

通过以上的分析可以对计算机网络进行定义：所谓"计算机网络"，就是将处于不同地理位置的相互独立的计算机，通过通信设备和通信线路按照一定的通信协议连接起来，形成以资源共享和信息交流为目的的计算机互联系统。

1.2.2 计算机网络的功能

计算机网络是计算机技术和通信技术紧密结合的产物。它不仅使计算机的作用范围超越了地理位置的限制，而且大大加强了计算机本身的信息处理能力。目前，计算机网络的功能主要表现在以下四个方面。

1. 资源共享

资源共享主要包括硬件资源、软件资源和数据资源的共享。硬件资源的共享可以提高设备的利用率，避免设备的重复投资，例如利用计算机网络建立网络打印机；软件资源和数据资源的共享可以充分利用已有的信息资源，减少软件开发过程中的劳动，避免大型数据库的重复建设。

2. 数据通信

数据通信是计算机网络最基本的功能。利用这一功能，分散在不同地理位置的计算机之间就可以相互传输数据，这些数据包括文字信息、图片信息、音频及视频信息等，同时还可以实现计算机的远程控制和管理。

3. 提高计算机系统的可靠性与可用性

当计算机网络中的某一计算机或通信线路发生故障时，可以利用其他的通信线路或者转到别的计算机系统完成数据传输和处理，以保障用户的正常操作。例如，当数据库中的信息丢失或遭到破坏的时候，可以从网络中的另一台计算机的备份数据库中完成数据的调取，并恢复遭破坏的数据库，从而提高系统的可靠性和可用性。

4. 均衡负载与分布处理

当某台计算机负担过重时，或该计算机正在处理某项工作时，网络可将新任务转交给空闲的其他计算机来完成，这样处理能均衡各计算机的负载，提高处理问题的实时性；对于大型综合性问题，可将任务分散到网络内的其他计算机进行分布式处理，这将充分利用网络资源，扩大计算机的处理能力，增强计算机网络的实用性。

1.3 计算机网络的组成、分类与拓扑结构

1.3.1 计算机网络的组成

不同的计算机网络在网络规模、网络结构、通信协议、通信系统、计算机硬件及软件配置方面都有很大的差异。然而，无论网络的复杂程度如何，根据网络的定义，从计算机网络系统的组成上来划分，一个计算机网络主要分为计算机系统（主机与终端）、数据通信系统、网络软件及协议三大部分；从计算机网络的功能来划分，一个计算机网络也可以分为通信子网和资源子网两大部分。

1. 根据计算机网络系统的组成来划分

（1）计算机系统 计算机系统是网络的基本组成部分，它主要完成数据信息的收集、存储、管理和输出的任务，为网络提供各种信息资源。计算机系统根据其在网络中的用途，一般分为主机（Host）和终端（Terminal）。主机是主计算机的简称，其功能是负责数据处理和网络控制，也是网络中的主要资源提供者。它主要由大型机、中小型机或高档微型计算机组成。网络软件和网络的应用服务程序安装在主机中。在一般的局域网中，主机通常也被称为服务器（Server）。终端是网络中的用户进行网络操作、实现人机对话的重要工具，它在局域网中通常被称为工作站（Workstation）。

（2）数据通信系统 数据通信系统是连接网络的桥梁，它提供各种连接技术和信息交换技术，主要由通信控制处理机、传输介质和网络连接设备等组成。通信控制处理机主要负责主机与网络的信息传输控制，它的主要功能是线路传输控制、错误检测与恢复、代码转换以及数据帧的装配与拆卸等。传输介质是指传输数据信号的物理通道，通过它可以直接将网络中的各种设备相互连接起来。网络中的传输介质是多种多样的，总的来说分为两类：无线传输介质（如微波）和有线传输介质（如双绞线）。网络连接设备是用来实现网络中各计算

机之间的连接、网络与网络之间的互联、数据信号的变换和路由选择等功能的网络设备。常见的网络连接设备包括中继器、集线器、调制解调器、路由器以及交换机等。

（3）网络管理软件 网络管理软件是计算机网络中不可缺少的组成部分。网络的正常工作需要网络管理软件的控制，如同单个计算机是在软件的控制下工作一样。网络管理软件一方面授权用户对网络资源的访问，帮助用户方便、快速地访问网络，另一方面也能够管理和调度网络资源，提供网络通信和用户所需要的各种网络服务。网络管理软件一般包括网络操作系统、网络协议、管理软件和服务软件等。

2. 根据计算机网络的功能来划分

计算机网络具有网络通信和资源共享两大功能。为了实现这两个功能，计算机网络必须具有数据通信和数据处理两种能力。从这个前提出发，计算机网络可以从逻辑上被划分成两个子网，即通信子网和资源子网，如图 1-3 所示。

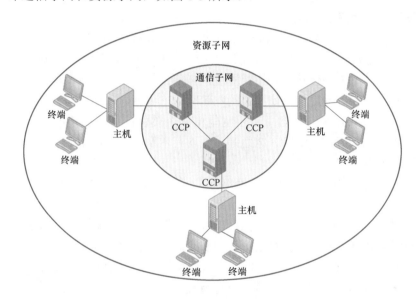

图 1-3 通信子网和资源子网

（1）通信子网 通信子网主要负责网络的数据通信，为网络用户提供数据传输转接、加工和变换等数据信息处理功能。通信子网由通信控制处理机（Communication Control Processor，CCP，又称为网络结点）、通信线路、网络通信协议以及通信控制软件组成。

（2）资源子网 资源子网主要用于网络的数据处理，向网络用户提供各种网络资源和网络服务。它主要由主机终端、I/O 设备、各种网络软件和数据资源组成。需要注意的是，不同的主机终端在功能上有很大的差别，主机终端可以是普通计算机、掌上计算机，甚至可以是大型计算机。

1.3.2 计算机网络的分类

由于计算机网络的系统非常复杂、技术含量比较高、综合性也比较强，所以它的分类标准也很多。不同的分类方法反映的是不同的网络特性，下面介绍一些常见的分类方法。

1. 按照网络的地理覆盖范围划分

按照网络的地理覆盖范围划分，计算机网络分为局域网、城域网和广域网三种。

（1）局域网（Local Area Network，LAN）　局域网也称为局域网。它一般是在有限的范围内将计算机、外部设备和网络互联设备连接在一起的网络系统，通常，作用范围为几米到几千米之间，可覆盖一栋大楼或一个园区。局域网主要用于连接个人计算机、工作站等设备。局域网的传输速率高、延时时间短、成本低廉、组网方便灵活，是目前深受广大用户欢迎的网络类型。

（2）城域网（Metropolitan Area Network，MAN）　城域网也称为城市网。它是在一个城市或者地区范围内建立起来的网络系统，通常，作用范围在广域网和局域网之间，能够满足几十千米范围内用户传输多种信息的联网要求。

（3）广域网（Wide Area Network，WAN）　广域网也称为远程网。它一般在不同城市之间建立网络连接，通常，作用范围为几十千米到几千千米，可覆盖一个国家或一个洲。广域网的传输距离较长，但是数据传输速率较低，并且联网的结构不是很规范。

2. 按照网络的使用者来划分

按照网络的使用范围差异，可以把计算机网络分为公用网和专用网。

（1）公用网（Public Network）　公用网由电信部门或其他提供通信服务的经营部门组建、管理和控制，网络内的传输和转接装置可供任何部门和个人使用。公用网常用于广域网络的构造，支持用户的远程通信，如我国的电信网、广电网、联通网等。

（2）专用网（Private Network）　专用网是由某个单位或部门组建的，不向本单位以外的人提供服务。例如，军队、铁路、电力等系统均有本系统的专用网。

3. 按照网络的通信传播方式划分

按照网络的通信传播方式，计算机网络分为点对点式传输方式网和广播式传输方式网两种。

（1）点对点式传输方式网　在点对点式传输方式网中，每条物理线路都连接各自的计算机，数据信号通过通信媒体直接传送到目的节点。这种传输方式主要应用于广域网。

（2）广播式传输方式网　在广播式传输方式网中，所有联网的计算机由一个共同的传输媒体连接起来，数据信号被传至网络中所有节点，这些节点在接收到数据信号后，对数据信号进行分析，以确定是接收还是拒绝。

4. 按照网络的通信传播介质划分

按照网络的通信传播介质，计算机网络分为有线网络和无线网络两种。

（1）有线网络　有线网络指网络系统中的计算机之间采用同轴电缆、双绞线或光纤等物理介质连接以实现计算机之间数据交换的网络。

（2）无线网络　无线网络指网络系统中的计算机之间采用卫星、微波等无线电磁波的形式来传输数据的网络。随着无线通信技术的发展，无线网络的数量也在不断增加。

1.3.3　计算机网络的拓扑结构

拓扑是几何学的一个分支，是研究与大小、形式无关的几何图形特性的方法。在计算机网络中，拓扑不考虑网络中的具体设备，把工作站、服务器等网络单元抽象为"点"或"节点"，把网络中的电缆等通信介质抽象为"线"。计算机网络拓扑结构是通过网络中的节点与通信线路之间的几何关系表示的网络结构，反映的是网络中各实体之间的结构关系。计算机网络拓扑结构主要分为星形结构、总线型结构、树形结构、环形结构和网状结构等。

1. 星形结构

在星形结构中，各节点是以星形方式连接起来的，系统中的每一个节点设备都以中心节点为中心，通过传输介质与中心节点连接，如图 1-4 所示。星形结构的优点是网络的扩容性很强、数据的安全性和优先级容易控制、易实现监控，但是其缺点是中心节点的故障会引起全网的瘫痪。

2. 总线型结构

在总线型结构中，所有节点都由一条高速公用总线连接起来，其中一个节点是网络服务器，其他节点是工作站，如图 1-5 所示。总线型结构的特点是结构简单灵活、扩充性能好、节点设备

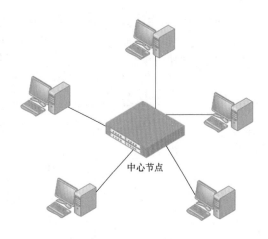

图 1-4　星形结构

的插入与拆卸非常方便、网络可靠性高等，但由于所有的工作站在通信时都要通过这条公用的总线，所以实时性较差，并且总线的任意一点发生故障，都会造成全网的瘫痪。

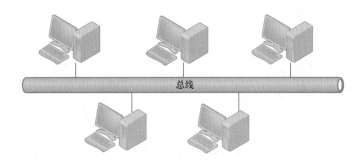

图 1-5　总线型结构

3. 树形结构

树形结构是星形结构的扩展，是一种分层结构。在这种结构中，各节点按树形组成，顶端有一个带分支的根，如图 1-6 所示。树形结构的优点是易于扩展和故障隔离，缺点是对根的依赖性强。

4. 环形结构

在环形结构中，各节点首尾相连形成一个闭合的环路。数据包按照固定的方向单向流动，如图 1-7 所示。环形结构的优点是组建方便、易于监测网络运行状态，但缺点是不易于扩充、系统响应时间长、单个工作站发生故障可能使整个网络瘫痪。

5. 网状结构

网状结构是将上述单一的拓扑结构

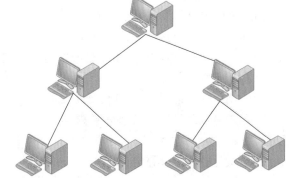

图 1-6　树形结构

混合起来形成的结构，它是容错能力最强大的网络拓扑结构，如图 1-8 所示。该结构中的每

一个节点和网络中的其他节点均有链路连接。网状结构的特点是故障诊断和隔离较方便、易于扩展、维护也很方便，但组网需要选择智能型的集线器、需要更多的线缆。该拓扑结构一般适用于大型网络。

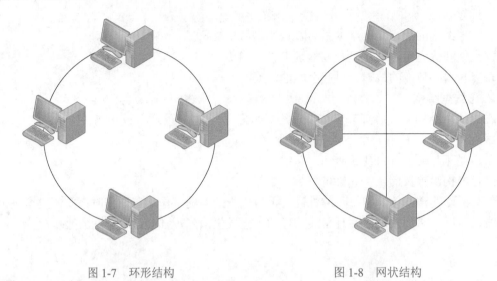

图 1-7　环形结构　　　　　　　　　　　图 1-8　网状结构

1.4　计算机网络的体系结构

1.4.1　网络体系结构基础

体系结构是研究系统各个组成部分的基本工作原理及其相互关系的科学。计算机网络的基本概念中，网络协议、层次化的体系结构、服务、实体等概念是初学者比较难以理解的。本小节将对这几个概念进行介绍。

1. 网络协议

网络中的计算机要实现数据交换，就必须遵循统一的规则。规则明确规定了通信双方交换数据的方式、内容、格式、时间顺序等问题。这些为进行网络中的数据交换而建立的规则、标准或约定的集合称为网络协议（Network Protocol）。

网络协议主要由三个要素组成：

1）语法：数据与控制信息的结构与格式。

2）语义：解释控制信息每个部分的意义。它规定了需要发出何种控制信息、完成何种动作及做出何种响应。

3）同步：即事件实现顺序的详细说明。

三要素可以理解为语义表示要做什么，语法表示要怎么做，同步表示做的顺序。由此可见，协议实质上是网络通信时所使用的一种语言，是计算机网络不可或缺的组成部分。

2. 层次化的网络体系结构

计算机网络体系结构采用分层结构的思想进行设计，每一层具有相对的独立性，每个层次可以包含若干个协议，每个协议实现不同的网络功能。层中的协议能够调用底层提供的功能并为高层提供服务。为了方便层与层之间的交互，层和层之间定义了信息交互的接口。

分层结构有如下优势：

1）灵活性好。当任何一层发生变化时，只要层间接口关系保持不变，则其他各层均不受影响。此外，对某一层提供的服务还可进行修改。当不再需要某层提供的服务时，甚至可以将这层取消，在管理上非常灵活。

2）各层之间是独立的。相邻层次通过接口交换信息，高层不需要知道低层是如何实现的，而仅仅需要知道该层通过层间的接口所提供的服务。由于每一层只实现一种相对独立的功能，因此可将一个难以处理的复杂问题分解为若干个较容易处理的更小一些的问题。这样，整个问题的复杂度就下降了。

3）易于实现和维护。分层结构将整个系统分解为若干个相对独立的子系统，减少了复杂性，使得实现和调试一个庞大而又复杂的系统变得容易，产品开发的速度更快。

4）能促进标准化工作。每一层的功能及其所提供的服务都已有了明确的说明，较低的层为较高的层提供服务。

5）结构上可分开。各层都可采用最合适的技术来实现。

综上所述，计算机网络体系结构就是计算机网络的各层及其协议的集合。另言之，计算机网络的体系结构就是这个计算机网络及其构件所应完成功能的精确定义。

3. 实体、服务访问点、服务原语

为了更深入地学习、理解协议和服务的概念，首先要理解实体、服务访问点、服务原语三个概念。

1）实体：表示任何可发送或接收信息的硬件或软件进程。通常情况下，实体是一个特定的软件模块。

2）服务访问点（Service Access Point，SAP）：指同一系统中相邻两层的实体进行信息互换的地方。

3）服务原语：上层使用下层所提供的服务必须通过与下层交换一些命令来实现，这些命令称为服务原语。

掌握以上概念后，协议就相对比较好理解。协议就是控制两个对等实体进行通信的规则的集合。在协议的控制下，两个对等实体间的通信使得本层能够向上一层提供服务。要实现本层协议，还需要使用下面一层所提供的服务，体系结构中层与层之间的关系如图1-9所示。对等实体间传送的数据单位称为该层的协议数据单元（Protocol Data Unit，PDU）。层与层之间交换数据的单位称为服务数据单元（Service Data Unit，SDU）。

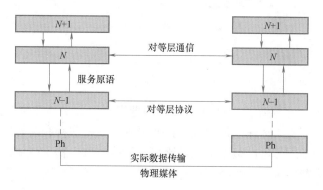

图 1-9 体系结构中层与层之间的关系

协议和服务在概念上是不一样的，首先，协议的实现保证了本层能够为上层提供服务。本层的服务用户只能看见下层提供的服务，而无法看见下层的具体协议，下层的协议对上层的服务用户是透明的。其次，协议是水平的，即协议是控制对等实体之间通信的规则。而服务是垂直的，是下层向上层通过层间接口提供的。另外，并非在一个层次内完成的全部功能都称为服务，只有那些能够被上层看得见的功能才能称为服务。

1.4.2 OSI 参考模型

20 世纪 70 年代，各个计算机厂商都使用自己专属的通信协议，不同厂商生产的计算机联网较为困难。国际标准化组织（ISO）于 1977 年成立信息技术委员会 TC09，专门从事网络体系结构标准化的研究工作。经过几年研究，1981 年提出了开放系统互联基本参考模型（Open System Interconnection Reference Mode），简称 OSI/RM 参考模型。"开放"表示只要遵循 OSI 的标准，一个系统就可以和位于世界上任何地方的也遵循同一标准的其他任何系统进行通信。OSI 参考模型虽然没有成为网络的标准，但其在概念上却十分严谨，很适合作为理论标准来进行研究和教学。

OSI 参考模型将计算机网络分为七个层次，如图 1-10 所示，自下而上分别是物理层、数据链路层、网络层、传输层、会话层、表示层和应用层。下面对各层功能做简要介绍。

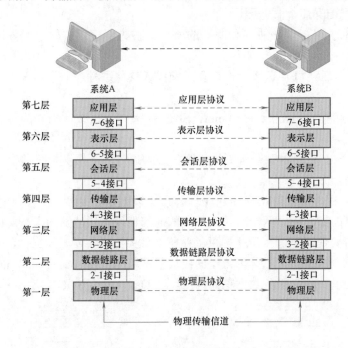

图 1-10　OSI 参考模型

1. 物理层

物理层与传输媒体直接相连，因此也称为物理层接口，是计算机与网络连接的物理通道。其功能是控制计算机与传输媒体的连接，即可以建立、保持和断开这种连接，以保证比特流的透明传输。物理层传送的数据单位是比特，又称为位。物理媒体，如双绞线、同轴电缆、光缆等，不在物理层协议之内，而是在物理层协议的下面，因此，有人把物理媒体当作第 0 层。

2. 数据链路层

数据链路层传输数据的单位是帧，主要作用是通过数据链路层协议在不太可靠的物理链路上实现可靠的数据传输。数据链路层完成这一任务的方法是分割来自物理层的原始比特流信息，按照一定格式组成若干个帧，用帧中的校验信息部分对整个数据帧进行校验。如果校验正确，则把其数据信息部分递交上层；如果发现数据帧有问题，则通知发送方重发该帧，直到正确收到该帧为止。此外，要解决计算机之间传输数据时的速度匹配问题，还需要流量控制功能。这样，数据链路层就把一条有可能出差错的实际链路转变为让网络层向下看起来好像是一条不出差错的链路。数据链路层的功能可以总结为负责数据链路的建立、维持和拆除。

3. 网络层

数据链路层使计算机之间的数据传输变得可靠，但随之出现的问题是，当网络中有很多计算机时，如何找到想要的通信对象。根据特定的原则和算法在网络中选出一条通向目的节点的最佳路径，使来自发送站点传输层的报文能够到达目的站，并交付目的站的传输层，这就是网络层的路由选择功能。路由选择机制的性能在很大程度上决定了网络的性能。此外，在网络层还要解决拥塞控制问题，计算机网络中的链路容量、交换节点中的缓冲区和处理机等，都是网络资源。在某段时间内，若对网络中某一资源的需求超过了该资源的工作能力，则网络的性能就会变坏，这种情况称为拥塞。网络层所传送信息的基本单位称为分组。从体系结构的角度看，前面介绍的通信子网实际上由物理层、数据链路层和网络层这三个层次构成。

4. 传输层

传输层位于 OSI 参考模型的中部，在通信子网（下面 3 层）和资源子网（上面 3 层）之间，它隐藏了通信子网的细节，使高层用户感觉不到通信子网的存在。传输层通常为高层用户提供两种服务，即可靠的面向连接的数据传输和面向无连接的尽最大努力的数据交付。此外，传输层还具有复用功能，可以同时为一台计算机中的多个程序提供通信服务。传输层数据传送的基本单位是报文段。

5. 会话层

会话层是用户应用程序与网络的接口，属于进程级的层次。进程是操作系统中多个程序并行引出的概念，它与程序的概念不同，程序是一个静态的概念，而进程是一个动态的概念，是执行中的程序，是程序在内存中的副本，是有生存期的。会话层的任务就是提供一种有效的方法，以组织并协商两个表示层进程之间的会话，并管理它们之间的数据交换。

6. 表示层

不同的计算机可能采用不同的编码方法来表示数据类型和数据结构，为让采用不同编码方法的计算机能够通信，能互相理解所交换的数据，可以采用抽象语法来定义数据结构，并对其按某种标准进行编码。表示层管理这些抽象数据结构，并负责在计算机内部表示法和网络的标准表示法之间进行转换。此外还有数据加密和解密、数据压缩功能。

7. 应用层

应用层是 OSI 参考模型的最高层，是直接向用户应用程序提供服务的层次。从功能划分看，OSI 参考模型的低六层主要用于解决通信和表示问题，以实现网络服务功能，而应用层则提供特定网络服务所需要的各种应用协议，如邮件服务协议、文件传输服务协议等。

图 1-11 给出了 OSI 参考模型中数据的传送过程。发送进程发给接收进程的数据实际上经过了发送方各层从上到下的传递，直到经过传输媒体才真正传送到接收方。在接收方，再经过从下到上各层的传递，最后到达接收进程。在发送方从上到下逐层传递的过程中，每层都要加上适当的控制信息。控制信息加在数据的头部或尾部，对某些层来说也可以是空的。在最下层变成了"0"和"1"组成的比特流，然后转换为电信号通过物理媒体传输到接收方。接收方在向上传递时，过程正好相反，要逐层剥去发送方相应层加上的控制信息，这样就使得任何两个相同层次之间好像直接将本层数据交付给了对方，这就是对等层之间的通信。前面提到的各层协议，实际上就是在各个对等层之间传递数据时的各项约定。

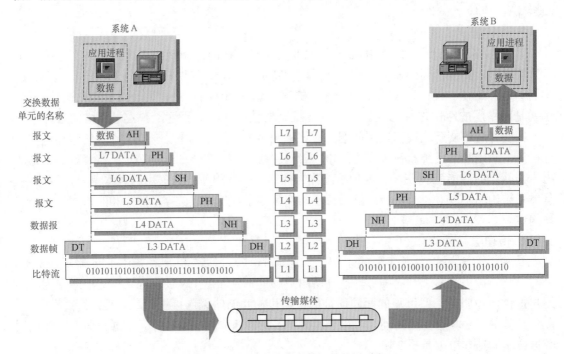

图 1-11　OSI 参考模型中数据的传送过程

1.4.3　TCP/IP 参考模型

1. TCP/IP 概述

如前文所述，OSI 参考模型研究的初衷是希望为网络体系结构与协议的发展提供一种国际标准，然而到了 20 世纪 90 年代初期，虽然整套的 OSI 标准已经制定出来，但由于 Internet 在全世界的飞速发展，因特网抢先在全世界覆盖了相当大的范围，使得 TCP/IP 得到了广泛的应用且成为"实际上的标准"，并形成了 TCP/IP 参考模型。而此时却找不到厂家生产出符合 OSI 标准的商用产品，因此，OSI 只取得了理论研究成果，在市场化方面却事与愿违地失败了；不过，ISO 的 OSI 参考模型的制定也参考了 TCP/IP 协议族及其分层体系结构的思想，而 TCP/IP 在不断发展的过程中也吸收了 OSI 标准中的概念及特征。

TCP/IP（Transmission Control Protocol/Internet Protocol）是指传输控制协议 / 网络互联协议，是针对 Internet 开发的一种体系结构和协议标准，该协议主要用于解决各种异构网络的通信问题，为用户提供一种通用、一致的通信服务，同时隐藏网络互联的技术细节。TCP/IP 起源于美国 ARPANET，由它的两个主要协议 TCP 和 IP 而得名。通常所说的 TCP/IP 实际上包含了大量的协议和应用，由多个独立定义的协议组合在一起，因此，更确切地说，应该称其为 TCP/IP 协议族。

TCP/IP 具有以下四个特点：

1）开放的协议标准，可以免费使用，并且独立于特定的计算机软硬件环境。

2）独立于特定的网络类型，可运行在局域网、城域网、广域网中，更适用于互联网中。

3）统一的网络地址分配方案。使得整个 TCP/IP 设备在网络中具有唯一的地址。

4）标准化的高层协议，可以提供多种可靠的用户服务。

2. TCP/IP 的层次结构

TCP/IP 模型由四个层次组成，它们分别是网络接口层、网际层、传输层和应用层。OSI 模型与 TCP/IP 模型的对照关系如图 1-12 所示。

（1）网络接口层　TCP/IP 模型的最底层是网络接口层，它包括了使用 TCP/IP 与物理网络进行通信的协议，且对应着 OSI 的物理层和

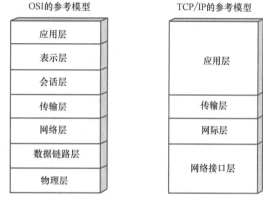

图 1-12　OSI 模型与 TCP/IP 模型的对照关系

数据链路层。它的功能是接收 IP 数据报并通过特定的网络进行传输，或从网络上接收物理帧，抽取出 IP 数据报并转交给上一层。TCP/IP 标准并没有定义具体的网络接口协议，目的是能够适应各种类型的网络，如 LAN、MAN 和 WAN。这也说明了 TCP/IP 协议可以运行在任何网络之上。

（2）网际层　网际层又称为网络层、IP 层，负责相邻计算机之间的通信。它包括三方面的功能：第一，处理来自传输层的分组发送请求，收到请求后，将分组装入 IP 数据报，填充报头，选择去往目标网络的路径，然后将数据报发往适当的网络接口；第二，处理输入的数据报，首先检查其合法性，然后判断该数据报是否已经到达信宿本地机，如果到达则去掉报头，将剩下部分（TCP 分组）交给适当的传输协议；如果该数据报尚未到达信宿，即转发该数据报；第三，处理路径、流量控制、拥塞等问题。另外，网际层还提供差错报告功能。

（3）传输层　TCP/IP 的传输层与 OSI 的传输层类似，它的根本任务是提供端到端的通信。传输层对信息流具有调节作用，提供可靠性传输，确保数据到达无误，不错乱顺序。为此，接收方安排了一种发回"确认"和要求重发丢失报文分组的机制。传输层软件把要发送的数据流分成若干个报文分组，在每个报文分组上加一些辅助信息，包括用来标识哪个应用程序发送这个报文分组的标识符、哪个应用程序应接收这个报文分组的标识符。同时给每一个报文分组附带校验码，接收方使用该校验码可以验证收到的报文分组的正确性。在一台计算机中，同时可以有多个应用程序访问网络。传输层同时从几个用户接收数据，然后把数据发送给下一个较低的层。

（4）应用层　在 TCP/IP 模型中，应用层是最高层，它对应 OSI 参考模型中的会话层、表示层和应用层。它向用户提供一组常用的应用程序，如文件传送、电子邮件等应用程序。严格来说，应用程序不属于 TCP/IP，但就上面提到的几个常用应用程序而言，TCP/IP 制定

了相应的协议标准，所以也把它们作为 TCP/IP 的内容。当然用户完全可以根据自己的需要在传输层之上建立自己的专用程序，这些专用程序也要用到 TCP/IP，但却不属于 TCP/IP。在应用层，用户调用访问网络的应用程序，该应用程序与传输层协议相配合，发送或接收数据。每个应用程序都应选用自己的数据形式，它可以是一系列报文或字节流，不管采用哪种形式，都要将数据传送给传输层以便交换信息。

具体网络应用的种类繁多，应用层的协议也很多且依赖关系相当复杂。需要注意的是，在应用层中，有些协议不能直接为一般用户所使用。那些能直接被用户所使用的应用层协议，往往是一些通用的、容易标准化的东西，如 FTP、Telnet 等。在应用层中，还包含很多用户的应用程序，它们是建立在 TCP/IP 协议族基础上的专用程序，无法标准化。

1.5 计算机网络案例介绍

计算机网络无处不在，但网络的应用目的、传输速率、覆盖范围都不尽相同。下面通过一些典型的案例介绍生活中常见的局域网、城域网、广域网。

1.5.1 局域网案例

局域网在有限空间的生活场景中具有广泛的应用，家庭网络、公司网络、校园网络都属于局域网范畴。局域网通过网络传输介质（网线、光纤等）将服务器、计算机、打印机、智能手机等网络互联设备连接起来，以实现文件管理、应用软件共享、打印机共享、扫描仪共享、工作组内的日程安排、电子邮件收发和传真通信服务等功能。局域网为封闭型网络，在一定程度上能够防止信息泄露和外部网络的病毒攻击，具有较高的安全性。局域网通过路由器设备可以方便地接入 Internet。

无线局域网（Wireless Local Area Network，WLAN）指利用无线通信技术将计算机设备互联起来，构成可以互相通信和实现资源共享的网络体系。在家庭、旧办公楼、商场和一些网络布线不方便的场所，可以通过无线路由器、无线网卡等无线通信设备快速组网。

1. 家庭无线局域网

家庭无线局域网是人们身边最典型和常见的局域网组网案例，具有组建方便、成本低廉、维护简单的特点。简单的家庭无线局域网组网设备主要包括一台接入Internet 的无线路由器、拥有无线网卡的计算机、智能手机、其他具有无线通信功能的设备。对无线路由器进行简单的设置，就能完成网络组建。家庭无线局域网拓扑图如图 1-13 所示。

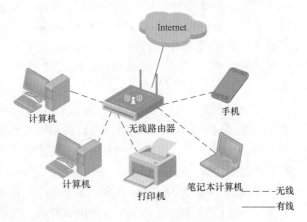

图 1-13　家庭无线局域网拓扑图

2. 企业局域网

企业办公网络的主要功能是满足企业内部的文件共享、E-mail 发布、生产组织、财务管理、人事管理等，因此企业办公网络属于局域网范畴。图 1-14 所示为一个功能完整的企业内部局域网拓扑图。企业局域网通过网关路由器接入 Internet，所有部门的计算机都通过安全交换机与该路由器连接。为了满足企业内部数据资料的保密需求，在网关处可部署防火墙、数据过滤等安全策略模块。网络管理中心的作用就是对整个网络系统进行管理和监控。

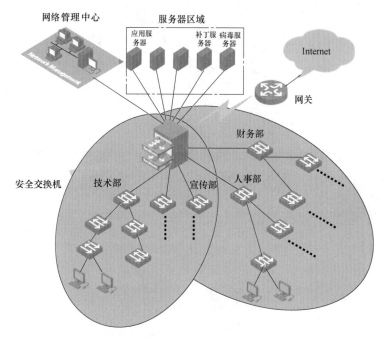

图 1-14　企业内部局域网拓扑图

3. 校园局域网

校园局域网是为学校教学、科研和管理等提供资源共享、信息交流和协同工作的计算机网络，具有用户数量庞大、网络应用繁多、流量大、网络结构复杂等特点，是一种比较复杂的局域网。因此，校园网的建设需充分考虑网络容量、网络安全性和网络扩展性。图 1-15 所示为某高校的校园局域网拓扑图，其中宿舍区域、教学区域、行政办公区域、图书馆等模块都是独立的局域网，核心交换机使用两台高性能万兆路由交换机，双核心结构为网络提供了流量控制和备份的功能，增加了网络的稳定性。整个校园局域网通过网关路由器接入 Internet。

1.5.2　城域网案例

城域网是指在一个或几个城市范围内，能满足政府部门、医疗部门、教育部门、企业等单位对高速率、高质量数据通信业务需求的多媒体通信网络。城域网一般有三个层次：接入层、汇聚层、核心层。接入层利用多种接入设备和技术，将终端用户连接到网络。汇聚层的主要功能是为接入层提供业务数据的汇聚和分发处理功能，同时实现业务的服务等级分类。核心层主要提供高带宽的业务承载和传输，完成和已有网络（如 ATM、FR、DDN、IP 网络）的互联互通，其特征为宽带传输和高速调度。图 1-16 所示为某城市的城域网拓扑图，如海螺集团的内部局域网可通过图中标注"海螺集团"的路由器接入城域网，各个高校的校园网也可通过教育部门的专用路由器接入城域网。

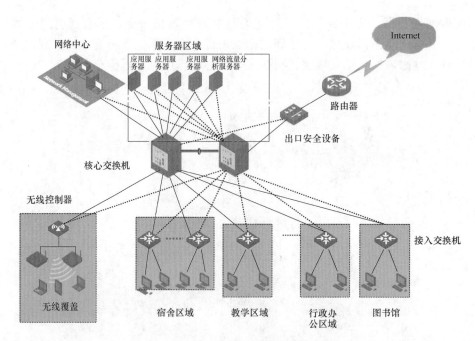

图 1-15　某高校的校园局域网拓扑图

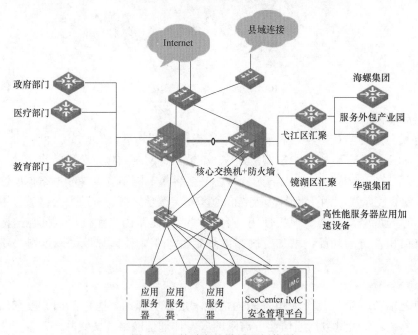

图 1-16　某城市的城域网拓扑图

1.5.3　广域网案例

广域网是用于连接不同地区的局域网和城域网，进而实现跨城市、跨地区、跨国家的通信网络。广域网的主干网由国家投资建设，主干网将各个省级市级的城域网连接起来，形成一个覆盖全国的广域网。

中国教育和科研计算机网（China Education and Research Network，CERNET）是一个由

国家投资建设、教育部负责管理、清华大学等高等教育机构承担建设与运行的全国学术性计算机网络。CERNET 的全国网络中心设在清华大学,主要用于 CERNET 主干网的管理。CERNET 省级节点设在国内 36 个城市的 38 所大学。CERNET 主干网都是由高速链路组成的,距离可以是几千千米的光缆线路,也可以是几万千米的点对点卫星链路。CERNET 的总带宽达到 10Gbit/s。与 CERNET 联网的大学、中小学等教育和科研单位达 2000 多家(其中高等学校 1600 所以上),联网主机 120 万台,用户超过 2000 万人,是一个典型的广域网。图 1-17 所示为华东(北)地区 CERNET 主干网示意图。

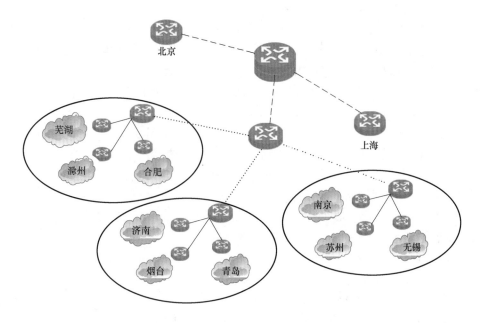

图 1-17　华东(北)地区 CERNET 主干网示意图

本章小结

　　本章介绍了计算机网络的定义、发展、分类与拓扑结构等方面的基础知识,介绍了计算机网络的体系结构及相关标准,最后介绍了计算机局域网、城域网、广域网的相关案例。通过学习本章知识,学生应能够较全面地理解并掌握计算机网络的基础知识,为后续章节的学习奠定基础。

思考与练习

一、选择题
1. 因特网最早起源于 _____。

A. ARPANET　　　　　B. MILNET　　　　　C. NSFNET　　　　　D. SONET

2. 校园内使用的校园网属于 _____。

A. WAN　　　　　B. MAN　　　　　C. LAN　　　　　D. PAN

3. 下列硬件设备属于资源子网的是 _____。

A. 主机　　　　　　　 B. 网桥　　　　　　 C. 交换机　　　　　 D. 路由器

4. 随着信息技术和通信技术的快速发展，出现了"三网融合"的趋势，下列不属于三网之一的是 _____。

A. 电信网络　　　　　 B. 计算机网络　　　 C. 电视网络　　　　 D. 卫星通信网络

5. 下列不属于局域网常用的拓扑结构的是 _____。

A. 总线型　　　　　　 B. 环形　　　　　　 C. 星形　　　　　　 D. 不规则形

6. 计算机网络中的可共享资源包括 _____。

A. 硬件、软件、数据和通信信道　　　　　 B. 主机、外设和通信信道

C. 硬件、软件和数据　　　　　　　　　　 D. 主机、外设、数据和通信信道

7. 在 OSI 参考模型中能实现路由选择、拥塞控制与互联功能的是 _____。

A. 应用层　　　　　　 B. 网络层　　　　　 C. 物理层　　　　　 D. 传输层

8. 协议是 _____ 之间进行通信的规则或约定。

A. 不同节点　　　　　 B. 相邻实体　　　　 C. 不同节点对等实体　 D. 同一节点

9. 在 OSI 参考模型中，实际的通信是在 _____ 进行的。

A. 应用层　　　　　　 B. 数据链路层　　　 C. 物理层　　　　　 D. 传输层

10. TCP/IP 参考模型规定为 _____。

A. 三层　　　　　　　 B. 四层　　　　　　 C. 五层　　　　　　 D. 六层

二、简答题

1. 计算机网络的发展经过哪几个阶段？

2. 什么是计算机网络？

3. 计算机网络的主要功能是什么？

4. 计算机网络分为哪些子网？各个子网都包括哪些设备？

5. 计算机网络的拓扑结构有哪些？它们各有什么优缺点？

6. 网络体系结构为什么要分层次？试举出一些与分层体系结构的思想相似的日常生活中的例子。

7. 网络协议的三个要素是什么？各有什么含义？

8. OSI 参考模型分为哪几层？各层有哪些功能？

9. TCP/IP 参考模型分为哪几层？各层的功能是什么？

10. 简述 OSI 参考模型和 TCP/IP 参考模型的异同点。

第2章
数据通信基础

数据通信技术是计算机技术与通信技术相互渗透和结合的产物，它实现了计算机与计算机之间、计算机与终端之间以及终端与终端之间的数据传输，使得不同地点的计算机与终端能够实现软件、硬件和信息资源的共享。本章主要从数据通信技术的基本概念、数据传输技术、数据交换技术三个方面介绍数据通信技术的基本知识。

2.1 数据通信技术的基本概念

2.1.1 数据、信号与信道

1. 数据

信息交换是数据通信最主要的目的。信息的载体就是数据，可以是数字、文字、图片、音频、视频等。数据可以分为模拟数据和数字数据两种。模拟数据是某个区间内连续变化的值。例如，声音和视频都是幅度连续变化的波形值，又如温度和压力，也都是连续变化的值。数字数据是指离散的值，它一般是由 0、1 二进制代码组成的数字序列，如用 ASCII 码表示的计算机存储的信息。

2. 信号

信号是数据在传输过程中的电磁波表示形式，是与实际对应的、以电磁形式表示的连续或者离散的数据。信号是一种变化的电流，它借助有线传输介质或无线传输介质在通信设备之间进行传播，从而实现数据的传输。

根据信号不同的表达方式，可以将信号分为模拟信号和数字信号两种。

（1）模拟信号　模拟信号是指用连续变化的物理量表示的信息，其信号的幅度、频率、相位随时间进行连续变化，波形图如图 2-1a 所示。电视上的图像和语音信号、电话中发出的语音信号都是模拟信号。模拟信号可以用模拟线路直接传输，传输一定距离后造成的信号

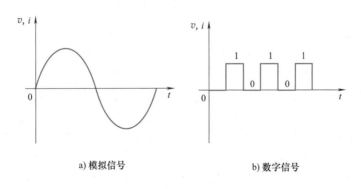

a) 模拟信号　　　　　　b) 数字信号

图 2-1　模拟信号和数字信号波形图

衰减可以用放大器进行弥补。模拟信号也可以通过调制转换成数字信号，从而可以使用数字线路进行传输，在接收端经过解调就可以还原成初始的模拟信号。

（2）数字信号　数字信号是一种离散式的电脉冲信号，它在时间上是不连续的，是离散性的，同时取值是有限的，波形图如图 2-1b 所示。在实际的数字信号传输中，通常是将一定范围的信息变化归类为状态 0 或状态 1，这种状态的设置大大提高了数字信号的抗噪声能力。不仅如此，在保密性、抗干扰性、传输质量等方面，数字信号比模拟信号要好，且更加节约信号传输通道资源。

3. 信道

在数据通信系统中，信道指的是通信的通道，是信号进行传输的媒介。在计算机网络中，信道分为物理信道和逻辑信道。物理信道指用于传输数据信号的物理通路，它由传输介质与有关通信设备组成；逻辑信道是在物理信道上传递不同信息种类构成的信道，是由发送与接收数据信号的双方通过中间节点进行数据传输的逻辑通路。

物理信道根据信号传输媒介的不同可分为有线信道和无线信道。例如，无线电话的信道就是电波传播所通过的空间，属于无线信道；有线电话的信道是电缆，属于有线信道。根据信号传输形式的不同，信道可分为模拟信道和数字信道。模拟信道用于传输模拟信号，如电话线路；数字信道用于传输数字信号，如光纤线路。

2.1.2　数据通信系统模型

数据通信系统是通过数据电路将分布在远地的数据终端设备与计算机系统连接起来，实现数据传输、交换、存储和处理的系统。比较典型的数据通信系统主要由数据终端设备（DTE）、数据电路、中央计算机系统三部分组成，如图 2-2 所示。

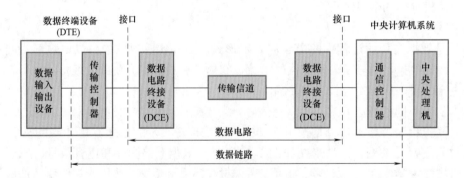

图 2-2　数据通信系统组成

1. 数据终端设备（DTE）

在数据通信系统中，用于发送和接收数据的设备称为数据终端设备（DTE）。数据终端设备由数据输入/输出设备和传输控制器组成。数据输入/输出设备的作用类似于电话与电报通信中的电话机和电传机，它在发送端把人们的数据信息变成以数字代码表示的数据信号，即将数据转换为数据信号，在接收端完成相反的变换，即把数据信号还原为数据。传输控制器的作用是完成各种传输控制，如差错控制、终端的接续控制、确认控制、传输顺序控制和切断控制等。

数据终端设备（DTE）是一个总称，在实际的数据通信系统中，往往根据需要采用不同的设备。例如，在发送数据中，DTE 可以是键盘输入器；在接收数据中，它可以是显示器、打印机等设备。当然，具有一定处理功能的个人计算机也可称为 DTE。

2. 数据电路

数据电路由传输信道（传输线路）及其两端的数据电路终接设备（DCE）组成。

1）传输信道包括通信线路和通信设备。通信线路一般为电缆、光缆、微波线路等；而通信设备可分为模拟通信设备和数字通信设备，从而使传输信道分为模拟传输信道和数字传输信道。

2）数据电路终接设备（DCE）是用来连接 DTE 与数据通信网络的设备，它的主要功能是完成数据信号的变换。由于数据传输信道可能是模拟信道，也可能是数字信道，因此 DTE 所发出的数据信号必须转换成适合信道传输的信号，才能够进行准确、可靠的传输。利用模拟信道进行传输信号时，DCE 具体是调制解调器（Modem），它是调制器和解调器的结合。发送时，调制器对数字信号进行调制，将数字信号转换成适合于模拟信道上传输的模拟信号；接收时，解调器进行解调，将模拟信号还原成数字信号。利用数字信道传输信号时，DCE 具体是数据服务单元（DSU），其主要功能包括接收 DTE 送来的数据信号，提供 DTE 所需的收、发定时信号，完成 DTE 的接口及接口上的各项控制功能，实现各种环路测试功能等。

3. 中央计算机系统

中央计算机系统由通信控制器（或前置处理机）、主机及其外围设备组成，具有处理从数据终端设备输入的数据信息，并将处理结果向相应的数据终端设备输出的功能。

1）通信控制器是数据电路和计算机系统的接口，主要用来控制与远程数据终端设备连接的全部通信信道，接收远端 DTE 发来的数据信号，并向远端 DTE 发送数据信号。通信控制器对远程 DTE 一侧来说，其功能是进行差错控制、终端的接续控制、确认控制、传输顺序控制和切断控制等；对计算机系统一侧来说，其功能是将线路上的串行比特信号变成并行比特信号，或将计算机输出的并行比特信号变成串行比特信号。另外，在远程 DTE 一侧有时也有类似的通信控制功能，但一般作为一块通信控制板合并在 DTE 之中。

2）主机又称为中央处理机，由中央处理单元（CPU）、主存储器、输入 / 输出设备以及其他外围设备组成，其主要功能是进行数据处理。

以上介绍了数据通信系统的基本构成。在通信过程中，通信双方能够真正有效、可靠地进行数据通信，还需要建立数据链路。如图 2-2 所示，加了通信控制器以后的数据电路称为数据链路。数据链路就是在数据电路已建立的基础上，发送方和接收方之间交换"握手"信号，双方确认后方可开始传输数据的两个或两个以上的终端装置与互连线路的组合体。所谓"握手"，是指通信双方建立同步联系，使双方设备处于正确收发状态，通信双方相互核对地址等。

2.1.3 数据通信的主要技术指标

1. 传输速率

传输速率指的是数据在信道中传输的速度，分为两种：码元速率和信息速率。

1）码元速率（R_B）：指每秒钟传输的码元数，单位为波特 / 秒（Baud/s），又称为波特率。在数字通信系统中，由于数字信号是用离散值表示的，因此每一个离散值就是一个码元。

2）信息速率（R_b）：指每秒钟传送的信息量，单位为比特 / 秒（bit/s），又称为比特率。

对于一个二进制表示的信号，每个码元包含 1 比特，因此其信息速率与码元速率相等。对于一个四进制表示的信号，每个码元包含 2 比特，因此它的信息速率应该是码元速率的两倍。一般来说，对于采用 M 进制信号传输时，其信息速率和码元速率之间的关系是：

$$R_\mathrm{b}=R_\mathrm{B}\log_2 M$$

2. 误码率

误码率是衡量数据通信系统在正常工作情况下的传输可靠性的指标，它定义为二进制数据位传输时出错的概率。设传输的二进制数据总位数为 N，其中出错的位数为 Ne 位，则误码率表示为：

$$Pe = Ne/N$$

计算机网络中，一般要求误码率低于 10^{-6}，即平均每传输 10^6 位数据仅允许错一位。若误码率达不到这个指标，可以通过差错控制方法进行检错和纠错。

3. 信道带宽

模拟信道的带宽指的是通信线路允许通过的信号频带范围，通常称为信道的通频带，单位是赫兹（Hz）。按照公式 $W=f_2-f_1$ 进行计算，其中，f_1 是信道能够通过的最低频率，f_2 是信道能够通过的最高频率，两者都是由信道的物理特性决定的。例如，在传统的通信线路上传送的电话信号的标准带宽是 3.1kHz（从 300Hz ～ 3.4kHz，即语音的主要成分的频率范围）。

数字信道的带宽指的是数字信道所能传送的"最高数据率"，单位是 bit/s，又称为比特率，其等于数据信息速率。例如，以太网的带宽为 50Mbit/s 或 100Mbit/s。

4. 信道容量

信道容量指的是在指定条件下给定通信信道上所能达到的最大数据传输速率。它的单位也是 bit/s，所以也可以理解为最大的传输速率。信道容量和噪声、误码率、带宽是相关的。

无噪声条件下的信道容量可以根据奈奎斯特准则进行计算，在无噪声、带宽为 W 赫兹的信道下，其码元速率最高为 $2W$ 波特（Baud）。又因为可以通过提高电平数来提高传输速率，所以无噪声条件信道容量的计算公式是：

$$C=2W \times \log_2 M$$

其中，C 是信道容量、W 是带宽（Hz）、M 是电平数。

实际上信道是有噪声、干扰和失真的，要计算有噪声条件下的信道容量还需要知道信噪比。信噪比就是信号和噪声的功率之比：信噪比（dB）$=10 \times \log_{10}(S/N)$。其中，$S$ 是信道中的信号功率，N 是信道中的电磁噪声功率。

根据香农定理，信道容量的计算公式为：

$$C=W \times \log_2(1+S/N)$$

由香农定理公式计算得出的信道容量是信道传输速率的理论上限值，信道的实际数据速率小于信道容量。

5. 时延

时延是指数据（一个报文或分组，甚至比特）从网络（或链路）的一端传送到另一端所需的时间。传输数据经历的总时延是发送时延、传输时延和处理时延三者之和。

1）发送时延是指节点在发送数据时使数据块从节点进入传输媒介所需要的时间，其计算公式为：

发送时延 = 数据块长度 / 信道带宽

2）传输时延是指电磁波在信道中传输一定的距离而花费的时间，其计算公式为：

传输时延 = 信道长度 / 电磁波在信道上的传输速率

电磁波在自由空间中传输的速率和光速是一样的，即 3×10^8km/s；电磁波在铜线电缆中传输的速率是 2.3×10^8km/s；电磁波在光纤中传输的速率是 2.0×10^8km/s。

3）处理时延是指数据在交换节点为存储转发而进行一些必要的处理所需要的时间。

在同一种媒体内，传输信号的时延值在信道长度固定了以后是不可变的，不可能通过降低时延来增加容量，而唯一可行的方法只能是增加信道的带宽。

2.2 数据传输技术

2.2.1 数据传输方式

1. 单工通信、半双工通信和全双工通信

根据数据信号在信道上传输的方向可将数据通信方式分为单工通信、半双工通信和全双工通信三种。

（1）单工通信　单工通信是指数据信号只能单方向从一端传输到另外一端的通信方式。如图 2-3 所示，发送端只能发送数据信号，接收端只能接收数据信号，即数据传输具有单方向性。常见的单工通信包括无线电广播、电视遥控器。

图 2-3　单工通信

（2）半双工通信　半双工通信是指数据信号可以双向传输，但两个方向上的传输不能同时进行，同一时刻只允许一个方向传输的通信方式，即双向传输必须轮流交替进行。如图 2-4 所示，通信两端都具有发送和接收功能，但在同一时刻，一端只能是发送端，另外一端只能是接收端。由于半双工通信需要频繁切换信道方向，因此通信效率较低。常见的半双工通信包括对讲机、步话机。

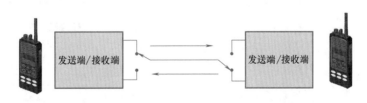

图 2-4　半双工通信

（3）全双工通信　全双工通信是指在同一时刻数据信号能够在两个方向上同时传输的通信方式。如图 2-5 所示，通信两端都具有发送和接收功能，并且数据信号的发送和接收可

以同时进行，因此全双工通信效率较高。常见的全双工通信包括生活中的手机。

图 2-5　全双工通信

2. 并行通信和串行通信

根据每次传送的数据位数可将数据通信方式分为并行通信和串行通信两种。

（1）并行通信　并行通信是指多个数据位在多个并行信道上同时进行传输的通信方式，常见的是将八个二进制数据位同时在八条信道上进行传输，并行通信如图 2-6 所示。由于并行通信是多个数据位同时传输，因此其优点是传输速度快、效率高，并且收发双方不存在同步问题。但是，并行通信需要多条通信线路，费用较高，不适合远距离传输。计算机内部主板上各部件之间的通信一般采用并行通信，如 IDE 接口、DDR 接口等。

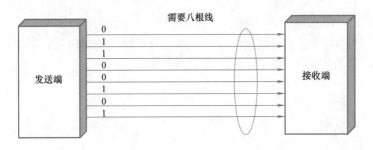

图 2-6　并行通信

（2）串行通信　串行通信是指在一条信道上将数据按照从低位到高位的顺序一位接一位传输的通信方式，常见的是将一个字节数据的八位依次传输，串行通信如图 2-7 所示。串行通信的优点是收、发双方只需要一条传输信道，易于实现，成本低，适合远距离传输。由于串行通信每次在线路上只能传输一位数据，与同时传输多位数据的并行通信相比，串行通信的传输速率要慢得多，并且串行通信接收端无法在比特流中正确地划分出一个个字符，因此收发双方需要解决同步问题。计算机与计算机之间、计算机与外设之间、计算机网络中的远程通信通常都采用串行通信，如 USB 接口、SATA 接口、RS232 接口等。

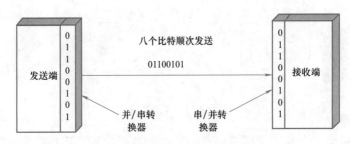

图 2-7　串行通信

2.2.2 数据传输的同步技术

在数据传输过程中，为了保证发送端发送的数据能够被接收端准确无误地接收，收发双方必须在数据传输速率、每比特持续时间和间隔时间上保持一致，这就是通信中的同步问题。换句话说，所谓"同步"，就是指接收端要按照发送端所发送的每个码元的重复频率以及起止时间来接收数据，即通信双方在时间基准上必须保持一致，否则收发之间就会产生误差，即使是很小的误差，随着时间的逐步累积，也会造成传输的数据出错。

因此，同步问题是数据通信中的一个重要问题。通信系统能否正常有效地工作，很大程度上依赖于是否能更好地实现同步。通常使用的同步技术有两种：异步传输和同步传输。

1. 异步传输

异步传输方式是最常用的也是最简单的同步技术。异步传输方式以字符为单位进行传输，在传输字符前，发送端在每个字符的开始位置设置一个起始位，标记一个字符的开始，在结尾位置设置一个停止位，标记一个字符的结束。接收端通过起始位和停止位就能够在一串比特流中正确区分出一个个字符。字符可以单独发送，也可以连续发送；不发送字符时，连续发送停止信号。发送端可以在任意时刻开始发送字符，而接收端必须时刻做好接收的准备。异步传输如图 2-8 所示。

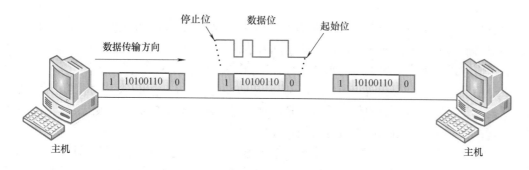

图 2-8 异步传输

异步传输方式的优点是控制简单，实现容易，但每个字符都附加了起始位和停止位，增加了传输开销，降低了传输效率。异步传输常用于低速设备，如键盘、鼠标与主机的通信。

2. 同步传输

同步传输是以多个字符组成的数据帧为单位，以固定的时钟节拍来发送数据信号的。在传输前，收发双方的时钟要调整到同一个频率。在传输时，需要在数据帧之前发送一个同步字节，接收端通过帧前同步字节进入接收状态。在同步字节之后可以连续发送任意多个字符，发送结束后，再使用同步字节标明本次发送结束。同步传输如图 2-9 所示。

同步传输方式只在帧开始和帧结束添加同步字节，因此额外开销较小，传输效率比较高，适用于高速设备。但同步方式实现复杂，传输的数据中有一位出错，就必须重新传输整个数据块。

异步传输和同步传输的主要区别为：

1）异步传输是面向字符传输的，而同步传输是面向位传输的。

2）异步传输的单位是字符，而同步传输的单位是数据帧。

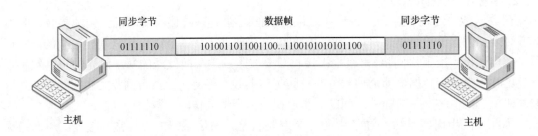

图 2-9　同步传输

3）异步传输通过传输字符的"起始位"和"停止位"进行收发双方的字符同步，而同步传输不仅需要在数据帧的开始与结束位置通过同步字节同步，还需要在收发双方之间建立统一的时钟信号。

4）异步传输相对于同步传输有效率低、速度低的特点。

2.2.3　信号传输方式

信号传输方式可以分为基带传输、频带传输和宽带传输。

1. 基带传输

基带信号是指由信源直接发出的没有经过调制的原始二进制"0"或"1"的电平信号。在数字通信信道上，直接传输基带信号就是基带传输。基带传输是一种最简单、最基本的数字信号传输方式，是典型的矩形电脉冲信号。

在基带传输中，需要对数字信号进行编码来表示数据，一般来说，要将发送端的数据进行变换，变换为直接传输的数字基带信号，这项工作由编码器完成。在发送端，由编码器实现编码；在接收端，由译码器进行解码，还原出发送端发送的数据。

由于在近距离范围内，基带信号的功率衰减不大，因此，在局域网中通常使用基带传输技术。例如在以太网（Ethernet）中，当传输距离小于 2.5km 时，传输速度可以达到 10Mbit/s，具有很高的性价比。

2. 频带传输

频带传输是指将数字信号调制成模拟信号再发送和传输的传输方式，即将数字信号（二进制电信号）进行调制变换，变换成能在公共电话线上传输的模拟信号（音频信号），经传输介质传送到接收端后，再由调制解调器将该音频信号解调变换成原来二进制电信号。因此，在采用频带传输方式时，要求在发送端安装调制器，在接收端安装解调器。

基带信号传输频带宽、能量集中在低频段，难以实现远距离通信。频带传输不仅有效解决了借助电话线路远距离传输基带数字信号的问题，而且可以实现多路复用，以提高传输信道的利用率。因此，频带传输广泛应用于广域网中。

3. 宽带传输

宽带是指比一般音频带宽更宽的频带。利用宽带将多路基带信号、视频信号、音频信号集中到一条电缆上传输的方式称为宽带传输。宽带传输的带宽一般为 0 ~ 300MHz，通常采用同轴电缆或光纤作为传输介质，使用时将整个带宽划分为若干个子频带，分别用这些子频带来传送语音、文字、视频、图片和数字信息。

宽带传输的主要特点是能够将宽带信道划分为多个逻辑信道或频段进行多路复用传输，

因此信道容量大大增加。宽带传输的传输距离远，一般可达几万米，传输效率高，但其实现技术较为复杂，传输系统的成本较高。

2.2.4 数据编码技术

网络中的通信信道分为模拟信道和数字信道，依赖于信道传输的数据相应地分为模拟数据和数字数据。数据编码就是将数据表示成适当的信号形式以便数据在信道中传输。数据编码方式包括数字数据的编码、数字数据的调制、模拟数据的编码。

1. 数字数据的编码

利用数字通信信道直接传输数字数据信号的方法称为数字信号的基带传输，而数字数据在传输之前需要进行数字编码。数字数据的编码方式主要有三种：不归零编码、曼彻斯特编码、差分曼彻斯特编码。

（1）不归零（Non-Return to Zero，NRZ）编码　不归零编码的电平信号占整个码元的宽度，因此又称为全宽码。不归零编码可以用负电平表示逻辑"0"，用正电平表示逻辑"1"，电平在整个码元期间保持不变。不归零编码是最原始的基带传输方式，其优点是简单、容易实现；缺点是无法判断一位的开始和结束，收发双方无法保持同步。因此，为了保持双方的时钟同步，需要额外传输同步时钟信号。不归零编码如图 2-10 所示。

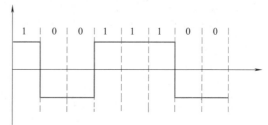

图 2-10　不归零编码

（2）曼彻斯特（Manchester）编码　曼彻斯特编码是指在每一位二进制信号的中间都有跳变，从高电平跳变到低电平表示"0"，从低电平跳变到高电平表示"1"。曼彻斯特编码是典型的自同步编码，是目前应用最为广泛的编码方式之一。其优点是接收端可以通过每一个比特中间的跳变保持与发送端的同步。曼彻斯特编码如图 2-11 所示。

（3）差分曼彻斯特（Difference Manchester）编码　差分曼彻斯特编码是对曼彻斯特编码的改进。与曼彻斯特编码不同的是，每一位二进制数据的取值根据其开始是否发生跳变决定。假如一个比特开始处有跳变，则表示"0"，无跳变则表示"1"。差分曼彻斯特编码也是一种自同步编码，广泛应用于局域网通信中。差分曼彻斯特编码如图 2-12 所示。

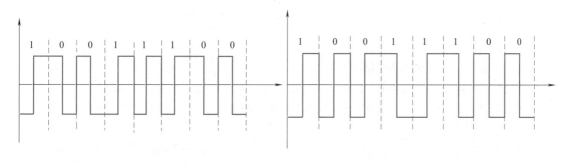

图 2-11　曼彻斯特编码　　　　　图 2-12　差分曼彻斯特编码

2. 数字数据的调制

传统的电话通信线路是典型的模拟信道，只能传输音频为 300 ～ 3400Hz 的模拟信号，不能直接传输数字数据。为了利用电话交换网实现计算机数字数据的传输，必须先将数字信号转换成模拟信号，即对数字数据进行调制。

将发送端数字数据信号变换成模拟数据信号的过程称为调制（Modulation），将接收端模拟信号还原成数字数据信号的过程称为解调（Demodulation），同时具备调制和解调功能的设备就是调制解调器（Modem）。数字数据的调制方法有三种：幅移键控法、频移键控法和相移键控法。调制方式示意图如图 2-13 所示。

（1）幅移键控法（Amplitude-Shift Keying，ASK）　幅移键控法是用载波信号的两种不同振幅来表示数字信号"1"或"0"。通常用有载波表示数字信号"1"，用无载波表示数字信号"0"。

（2）频移键控法（Frequency-Shift Keying，FSK）　频移键控法是用载波信号的两种不同频率来表示数字信号"1"或"0"。

（3）相移键控法（Phase-Shift Keying，PSK）　相移键控法是用载波信号的相位值来表示数字信号"1"或"0"。PSK 又分为绝对调相和相对调相。绝对调相使用相位的绝对值，相位为"0"表示数字信号"1"，相位为 π 表示数字信号"0"。相对调相使用相位的相对偏移值：当数字数据为"0"时，相位不变化；当数字数据为"1"时，相位要偏移 π。

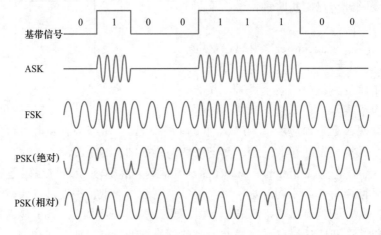

图 2-13　数字数据的三种调制方式

3. 模拟数据的编码

数字信号传输的优点是传输效率高、误码率低、不易失真，因此在实际应用中，利用数字传输技术来传输语音等模拟数据已成为趋势。模拟数据数字化编码的常用方法是脉冲编码调制（Pulse Code Modulation，PCM），主要包括三部分：采样、量化和编码。

（1）采样　每隔一定的时间采集模拟信号瞬间的电平值作为样本来表示模拟数据在某一区间随时间变化的值。

（2）量化　量化是一个分级过程，将采样最大值分为 N 个等级，所有采样的脉冲信号按这 N 个等级量化处理，这样连续的模拟信号就变成了数字信号。

（3）编码　编码就是将量化后的采样值用相应位数的二进制代码表示。如果有 N 个量化级，就有 $\log_2 N$ 位二进制码。PCM 用于数字化语音系统时，将声音分为 128 个量级，即采用七位二进制码表示。

2.2.5 多路复用技术

为了有效地利用通信线路，提高线路利用率，在一条物理信道上同时传输多路数据信号的技术就称为多路复用技术。多路复用技术可以将各路数据信号调制成互不干扰的信号，然后将这一数据信号经单一的线路和传输设备进行传输，而接收端通过解调技术将这些数据信号进行分离，使它们转换成原来的数据信号。

目前，多路复用技术主要有四种方式：频分多路复用、时分多路复用、波分多路复用和码分多路复用。

（1）频分多路复用（Frequency Division Multiplexing，FDM） 当通信线路的可用带宽超过各路信号所需要的带宽总和时，就可以将通信线路的总带宽分成若干个独立的小带宽信道，相邻信道之间有一定的间隔，每个信道传输一路数据信号。各路信号分别对各自的载波进行调制，经合成后送入信道传输。接收端通过带通滤波器来分离信号，解调后恢复出基带信号。频分多路复用是一种传统的技术，适用于模拟信号的频分传输，常用于载波电话通信和有线电视系统，在数据通信系统中应和调制解调器结合使用。频分多路复用如图 2-14 所示。

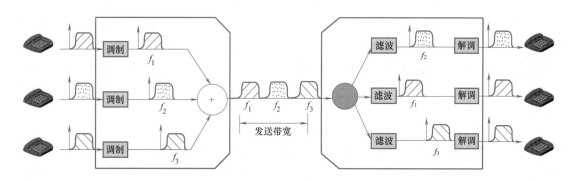

图 2-14　频分多路复用

（2）时分多路复用（Time Division Multiplexing，TDM） 时分多路复用以通信线路传输时间作为分割对象，将通信线路用于传输的时间分成若干互不重叠的时间片段，每一路数据信号获得一个时间片，并在自己的时间片内独占通信线路进行数据传输，各路信号在不同的时间轮流使用通信线路。

时分多路复用技术又分为同步时分多路复用和异步时分多路复用两种。

1）同步时分多路复用：同步时分多路复用采用固定时间片的分配方式，即每一路信号都获得大小相同的时间片，无论数据传输结束与否，在时间片使用结束时，都要将通信线路让给下一路信号。同步时分多路复用具有控制简单、易于实现的优点，但预先分配的时间片固定不变，如果某路信号传输的数据较少，则会造成该时间片内通信线路空闲，导致线路利用率降低。为了解决这个问题，引入异步时分多路复用技术。

2）异步时分多路复用：异步时分多路复用技术是根据用户需求动态地按需分配时间片，避免了同步时分多路复用出现的空闲时间片的情况。也就是说，当某一路信号有数据发送时，就将时间片分配给它，当数据发送完毕时，就将时间片分配给其他有需求的线路。这种方法提高了通信线路的利用率，但是技术实现较为复杂，主要应用于高速远程通信中。

（3）波分多路复用（Wavelength Division Multiplexing，WDM） 由于在光纤上传输的是光波，不同光波的波长不同，因此将光纤按照不同的波长划分为若干个子信道，每个子信道传输一种波长光，这种在同一根光纤中同时传输两个或众多不同波长光信号的技术，称为波分多路复用，其本质与频分多路复用技术类似。目前商用光纤传输系统的传输能力仅是单根光纤可能传输容量的百分之一，波分多路复用技术拥有巨大的发展潜力。

（4）码分多路复用（Code Division Multiplexing，CDM） 码分多路复用技术又称为码分多址技术。与时分多路复用和频分多路复用不同，它既共享信道的频率，也共享时间，是一种真正的动态复用技术。每个用户都可在同一时间使用同样的频率进行通信，但使用的是基于码型的分割信道的方法，即每个用户分配一个地址码，各个码型互不重叠，通信各方之间不会相互干扰，抗干扰能力强。码分多路复用技术主要用于无线通信系统，特别是移动通信系统。它不仅可以提高通信的语音质量和数据传输的可靠性，以及减少干扰对通信的影响，而且增大了通信系统的容量。

2.3 数据交换技术

在网络中，通信双方通过信道交换数据的过程就是数据通信过程。最简单的数据通信形式是在交换数据的两个站点间直接使用物理线路进行通信。但是要实现多节点通信，这种形式代价昂贵。采用数据交换技术来实现网络数据传输是一种理想的选择。网络中常用的数据交换技术可分为两大类：电路交换和存储—转发交换。其中，存储—转发交换技术又可分为报文交换和分组交换。下面分别对这三种技术进行详细介绍。

2.3.1 电路交换

电路交换（Circuit Switching）也称为线路交换，是数据通信领域最早使用的数据交换方式。使用该方式进行数据传输时，通信的两个设备之间必须首先建立一条专用的通信电路，并且在整个数据传输过程中通信双方独占该通路，通路建立后，双方才开始数据传输。这是一种以电路连接为目的的实时的交换方式。电路交换最典型的例子就是电话系统。电路交换工作原理如图 2-15 所示。电路交换过程分为电路建立、数据传输、电路释放三个阶段。

1. 电路交换的过程

（1）电路建立 使用电路交换在传输任何数据之前都要建立一条专用的物理通信线路，该通路一直维持到数据交换结束。以电话系统为例，拨打电话要先通过拨号在通话双方之间建立起一条通路，该通路一直维持到通话结束。例如主机 A 要向主机 B 传输数据，首先要通过通信子网在两个主机之间建立电路连接，主机 A 会向通信子网的节点发送"请求"，然后根据路径选择算法，向所选择的每一个要经过的节点发送"请求"，得到各个节点应答后将建立一条主机—节点（若干个）—主机的物理线路连接。

（2）数据传输 当物理建立连接以后，主机 A 发出数据后就可以经过各个节点由主机 B 接收。在整个数据传输过程中，所建立的线路必须保持联通状态，并且此时数据传输可以是双向的。

（3）电路释放 数据传输结束后，要将占用的电路释放以供其他用户使用。电路释放过程通常由两方通信节点的任一节点发出电路释放请求信号，该信号传输到电路所经过的每一个节点，最终将建立的物理电路连接释放。至此，此次通信结束。

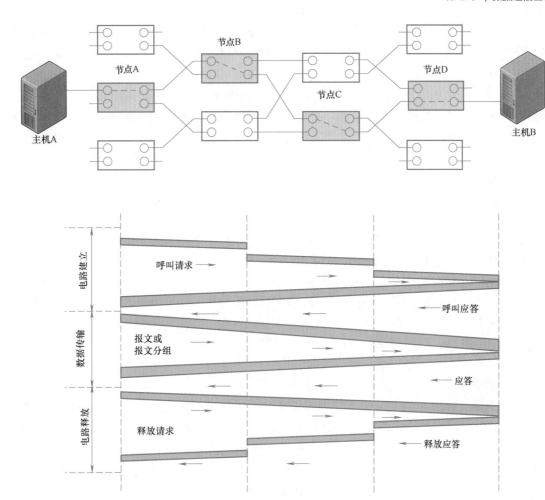

图 2-15 电路交换工作原理

2. 电路交换的特点

1）数据传输实时性好，传输延时较小，通信通道专用，通信速率较高，适用于系统间要求高质量的大量数据传输的情况。

2）通道在连接期间是专用的，线路利用率低，收发双方通信类型要一致，通信双方必须同时工作。

3）数据通信各传输节点只传输数据，不存储、不改变数据内容，在通信过程中很难进行差错控制。

2.3.2 存储—转发交换

1. 报文交换

报文交换（Message Exchanging）采取的是存储—转发（Store-and-Forward）方式。与电路交换不同的是，这种方式不需要在两个通信节点间建立一条专用的物理线路。数据以报文的方式传送，报文在不同的环境中有不同的限制，其长度可以从几千个字节到几万个字节。报文由报头、正文和报尾三个部分组成。对用户来说，报文是一个完整的信息单元。报文从源节点发出后要经过一系列的中间节点才能到达目的节点，源节点在发送报文时，把目的地址添加在报文中，各中间节点收到报文后，先暂时存储，在分析目的地址并选择路由后进入排队等候状态，在下一条路由空闲时将报文转发到下一个节点，如此往复，直到该报文到达目的地。

（1）报文交换的过程　在报文交换方式下，发送数据站点将要传送的数据作为报文进行整体发送，报文的长度不限且可变。发送端在发送前将目的地址附加到报文上，在报文传输过程中，中间网络节点在接收到该报文并检测无误后，先暂存该报文，然后根据该报文的目的地址和路由算法将报文发送到下一个节点，直到该报文到达目的节点。

（2）报文交换的特点

1）报文交换采用存储—转发方式，在传送报文时，多个报文可以分时共享两个节点间的通道，通信电路利用率较高。

2）在网络中，数据接收方若没有做好接收准备，那么中间交换节点可以暂时存储，报文传送需要排队，增加了数据传输的延时。

3）在报文交换系统中，可以将一个报文发送到多个目的地。

4）在报文交换方式下，不需要收发双方同时开始工作，网络节点可以在报文接收端启动前暂存报文。

5）由于报文长度没有限制，因此中间节点缓存压力大，有时要把报文存在磁盘上，从而进一步增加了传输延时。

2. 分组交换

分组交换（Pack Switching）仍然采用报文交换的存储—转发方式。不同的是，它采用较短的格式化信息单位，该信息单位的长度限制在1000位到数千位之间，这比报文长度要短得多。简单来说，分组方式是设法将一份较长的报文分解成若干固定长度的“段”，每一段报文加上交换时所需的呼叫控制信息和差错控制信息，形成一个规定格式的交换单位，通常称为“报文分组”（简称“分组”）。分组交换可以分为数据报分组和虚电路分组两种方式。

（1）数据报分组　在数据报分组方式中，每个分组的传送是单独处理的，就像报文交换中的报文一样，每个分组称为一个数据报，每个数据报自身都携带地址信息、控制信息、分组号。一个节点接收到一个数据报后，根据数据报中的地址信息和节点所存储的路由信息，找出一个合适的路径，把数据报发送到下一个节点，直至把数据报发至目的节点。

在数据报分组方式中，由于每个分组独立地在网络中传输，同一报文的不同分组可能经由不同路径达到目的节点，所以，到达目的节点的顺序可能和发送顺序不一样，这就要求目的节点主机对分组重新排序，进而获得原来完整的报文。

数据报方式采用较小分组单元在网络中进行传输，不同的分组可以在各个节点同时被接收、处理和发送，这种并行性显著减少了传输延时时间，提高了网络传输效率。同时，由于每个数据报都含有目的地址和源地址等相关额外信息，增加了通信开销，并且分组经过的每个节点都要进行路由选择，传输的延时比较大。综合来看，数据报方式适合较短信息传输，不太适合长报文的传送。

（2）虚电路分组　在虚电路（Virtual Circuit，VC）分组中，数据在传输以前，网络的源节点和目的节点之间要先建立一条逻辑通路，这种逻辑通路就是虚电路。它之所以是“虚”的，是因为它不像电路交换那样是一条专用的物理线路。节点可以共用虚电路，具有线路共享的优点。每条虚电路支持特定的两个端点之间的数据传输；两个端点之间也可有多条虚电路为不同的进程服务。虚电路方式的工作过程与电路交换相似，也分三个阶段：虚电路的建立、数据传输、虚电路拆除。在分组发送前，通过呼叫的过程（虚呼叫）使交换网建立一条通往目的站的逻辑通路，然后一个报文的所有分组都沿着这条通路进行"存储—转发"，数据传递结束后拆除虚电路。在该方式下，分组不需要额外增加目的地址信息，分组经过的中间节点也不需要路由选择，因为从信源到达信宿所经过的路径都已经建立好了。

虚电路分组交换的主要特点是，在数据传送之前必须通过虚呼叫设置一条虚电路。但并不像电路交换那样有一条专用通路，分组在每个节点上仍然需要缓冲，并在线路上进行排队等待输出。虚电路的建立可以是临时的，会话开始时建立，结束时拆除；虚电路也可以是永久的，虚电路在通信双方一开机就自动建立，直到其中一方关机才拆除。

2.3.3 交换技术的比较

不同的交换技术适用于不同的场合。对于交互式通信以及较重的和持续的负载来说，电路交换是比较合适的；对于较轻的和间歇式的负载来说，报文交换是最合适的；对于必须交换大量数据的情况，可用分组交换方法。三种交换方式的比较如图 2-16 所示。

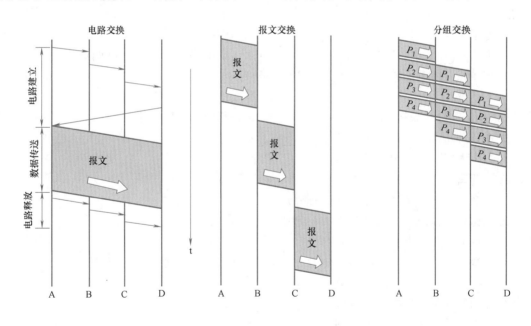

图 2-16 三种交换方式的比较

本章小结

本章首先介绍了数据通信系统的基本概念，包括数据、信号、信道等基本概念，以及数据通信的主要技术指标，然后介绍了数据传输技术和数据交换技术。学习通过本章知识，学生应能较全面地理解及掌握数据通信基本理论和关键技术，为以后从事数据通信相关工作提供一定的技术支持。

思考与练习

一、选择题

1._____ 是数据传输的可靠性指标。

A. 速率　　　　　　　B. 误码率　　　　　　C. 带宽　　　　　　　D. 吞吐量

2. 能够向数据通信网络发送和接收数据信息的设备称为 _____。

A. 数据终端设备　　　　　　　　　B. 调制解调器

C. 集线器　　　　　　　　　　　　D. 数据电路终接设备

3. 在数字通信信道上直接传输基带信号的方法称为 _____。

A. 频带传输　　　　B. IP 传输　　　　C. 基带传输　　　　D. 宽带传输

4. 在数据传输中需要建立连接的是 _____。

A. 信元交换　　　　B. 电路交换　　　　C. 报文交换　　　　D. 数据报交换

5. 把模拟量变为数字量的过程称为 _____。

A. 编码　　　　　　B. 调制　　　　　　C. 解调　　　　　　D. D/A 转换

6. 在同一信道的同一时刻，能够进行双向数据传输的通信方式是 _____。

A. 单工　　　　　　B. 半双工　　　　　C. 全双工　　　　　D. 以上三种都不是

7. 分组交换还可以进一步分成 _____ 和虚电路交换两种类型。

A. 包交换　　　　　B. 数据报　　　　　C. 永久虚电路　　　D. 呼叫虚电路

8. 按传输信号的不同类型划分，信道可以分为 _____。

A. 模拟信道和数字信道　　　　　　B. 有线信道和无线信道

C. 基带信道和频带信道　　　　　　D. 物理信道和逻辑信道

9. 以下属于码元速率单位的是 _____。

A. 波特　　　　　　B. 波特／秒　　　　C. 比特　　　　　　D. 比特／秒

二、简答题

1. 什么是信道？常用的信道分类有哪几种？

2. 数据通信系统由哪几部分组成？分别有什么功能？

3. 数据通信的主要技术指标有哪些？

4. 在数据通信中，常用的数据传输方式有哪几种？简要描述其工作原理。

5. 数据通信方式有哪几种？分别有什么特点？

6. 常用的多路复用技术有哪些？

7. 数据交换技术有哪些？分别有什么特点？

第3章
网络传输介质及设备

传输介质是通信网络中发送方和接收方之间的物理通路。通信网络中采用的传输介质可分为有线和无线两大类。不同的传输介质，其特性也不相同，不同的特性对网络中的数据通信质量和通信速度有较大影响。通信设备主要用于计算机网络的连接，也是计算机网络的重要组成部分。

3.1 有线传输介质

有线传输介质是指在两个通信设备之间实现的物理连接部分，它能将信号从一方传输到另一方，有线传输介质主要有双绞线、同轴电缆和光纤。双绞线和同轴电缆传输电信号，光纤传输光信号。

3.1.1 双绞线

1. 双绞线简介

双绞线（Twisted Pair Cable）是综合布线工程中最常用的传输介质，双绞线有八芯，由绞合在一起的四对绝缘导线组成，如图 3-1 所示。导线的绞合减少了导线相互之间的电磁干扰，并具有抗外界电磁干扰的能力。

双绞线主要用来传输模拟信号，但同样适用于数字信号的传输，其带宽决定于铜线的直径和传输距离。但是在许多情况下，几千米范围内的传输速率可以达到几 Mbit/s。由于其性能较好且价格便宜，因此双绞线得到广泛应用。

图 3-1　双绞线

2. 双绞线分类

（1）按照有无屏蔽层分类　根据有无屏蔽层，双绞线分为屏蔽双绞线（Shielded Twisted Pair，STP）与非屏蔽双绞线（Unshielded Twisted Pair，UTP）。

屏蔽双绞线在双绞线与外层绝缘封套之间有一个金属屏蔽层，如图 3-2 所示。根据屏蔽方式不同，屏蔽双绞线分为 STP（Shielded Twisted-Pair）和 FTP（Foil Twisted-Pair），STP 是指每条线都有各自屏蔽层的屏蔽双绞线，而 FTP 则是采用整体屏蔽的屏蔽双绞线。需要注意的是，屏蔽只在整个电缆均有屏蔽装置且两端正确接地的情况下才起作用。所以，要求整个系统全部是屏蔽器件，包括电缆、信息点、水晶头和配线架等，同时建筑物需要有良好的地线系统。屏蔽双绞线电缆的外层由铝箔包裹，以减小辐射，但并不能完全消除辐射。屏蔽双绞线价格相对较高，安装时要比非屏蔽双绞线电缆困难。类似于同轴电缆，它必须配有支持屏蔽功能的特殊连接器和相应的安装技术。但它有较高的传输速率，100m 内可达到

155Mbit/s。

非屏蔽双绞线是一种数据传输线，由四对不同颜色的传输线所组成，广泛用于以太网络和电话线中，如图 3-3 所示。非屏蔽双绞线电缆具有以下优点：

1）无屏蔽外套，直径小，节省所占用的空间，成本低。

2）重量轻，易弯曲，易安装。

3）将串扰减至最小或加以消除。

4）具有阻燃性。

5）具有独立性和灵活性，适用于结构化综合布线。

因此，在综合布线系统中，非屏蔽双绞线得到广泛应用。

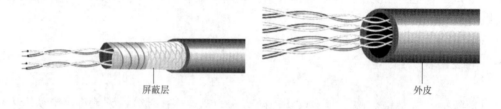

图 3-2　屏蔽双绞线　　　　　　　　　　图 3-3　非屏蔽双绞线

（2）按照频率和信噪比分类　双绞线常见的有三类线、五类线、超五类线和六类线，前者线径细而后者线径粗，具体型号如下：

1）三类线（CAT3）：指目前在 ANSI 和 EIA/TIA568 标准中指定的电缆，该电缆的传输频率为 16MHz，最高传输速率为 10Mbit/s，主要应用于语音、10Mbit/s 以太网（10Base-T）和 4Mbit/s 令牌环，最大网段长度为 100m，采用 RJ 形式的连接器，目前三类线已淡出市场。

2）五类线（CAT5）：该类电缆增加了绕线密度，外套是一种高质量的绝缘材料，线缆最高频率带宽为 100MHz，最高传输速率为 100Mbit/s，用于语音传输和最高传输速率为 100Mbit/s 的数据传输，主要用于 100Base-T 和 1000Base-T 网络，最大网段长为 100m，采用 RJ 形式的连接器。这是最常见的以太网电缆。在双绞线电缆内，不同线对具有不同的绞距长度。通常，四对双绞线绞距周期在 38.1mm 长度内，按逆时针方向扭绞，一对线对的扭绞长度在 12.7mm 以内。

3）超五类线（CAT5e）：具有衰减小，串扰少的特点，并且具有更高的衰减串扰比（ACR）和信噪比（Structural Return Loss，SNR）、更小的时延误差，性能得到很大提高。超五类线主要用于千兆以太网（1000Mbit/s）。

4）六类线（CAT6）：该类电缆的传输频率为 1～250MHz，六类布线系统在 200MHz 时的综合衰减串扰比（PS-ACR）应该有较大的余量，它提供两倍于超五类的带宽。六类布线的传输性能远远高于超五类标准，最适用于传输速率高于 1Gbit/s 的应用。六类与超五类的一个重要的不同点在于：改善了在串扰以及回波损耗方面的性能，对于新一代全双工的高速网络应用而言，优良的回波损耗性能是极其重要的。六类标准中取消了基本链路模型，布线标准采用星形的拓扑结构，要求的布线距离为永久链路的长度不能超过 90m，信道长度不能超过 100m。

3. 双绞线 EIA/TIA 配线标准

双绞线由四对八芯铜线按照一定的规则绞织而成，每对芯线的颜色各不相同。目前常用的线序标准有两种，即 EIA/TIA568A 和 EIA/TIA568B。这两种标准规定了不同线芯与水晶头管脚的对应关系，如果定义管脚编号为 1 ～ 8，则标准 EIA/TIA568A 的线序为白 / 绿、绿、白 / 橙、蓝、白 / 蓝、橙、白 / 棕、棕。标准 EIA/TIA568B 的排线顺序为白 / 橙、橙、白 / 绿、蓝、白 / 蓝、绿、白 / 棕、棕。如图 3-4 所示，根据一根线缆两端执行的标准是否一致，双绞线可分为直连网线（两端线序标准一致）和交叉网线（两端线序标准不一致）。

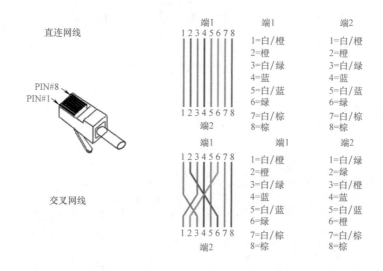

图 3-4   双绞线标准

4. 双绞线的使用

双绞线端接一般采用 RJ-45 水晶头、AMP 模块或直接连接在配线架上。双绞线 RJ-45 端接一般采用 568B 标准或者 568A 标准。双绞线的 AMP 模块接法也分为 568A 和 568B 标准，按照模块上的颜色标准压线即可。图 3-5 所示是双绞线使用的模块。

直插模块   屏蔽模块   电话模块   免工具型信息模块

图 3-5   双绞线使用的模块

双绞线在配线架上的接法按配线架说明书要求按序压线即可。图 3-6 所示为双绞线配线架接法。

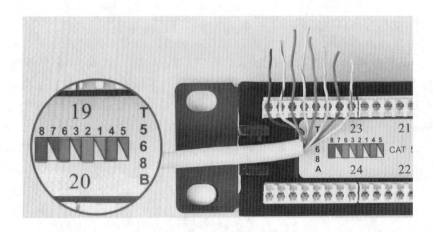

图 3-6　双绞线配线架接法

双绞线端接线操作使用的工具一般有打线钳和压线钳。打线钳在 AMP 模块或配线架上使用，压线钳一般用于 RJ-45 水晶头端接。图 3-7 是压接双绞线使用的工具。

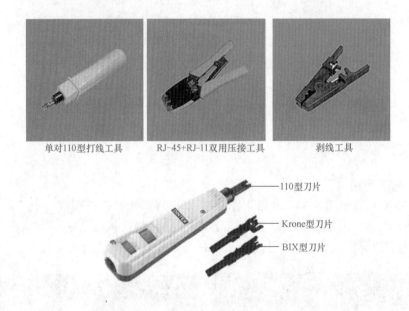

图 3-7　压接双绞线使用的工具

在网络中，连接同层次的网络设备一般用交叉双绞线，比如同一层次交换机与交换机的串接。连接不同层次的网络设备一般用直通双绞线，比如一端连接计算机，另一端连接交换机。

网络设备端口分 MDI（Medium Dependent Interface）和 MDIX 两种。一般路由器的以太网端口、主机的 NIC（Network Interface Card）端口类型为 MDI，交换机的端口类型为 MDI 或 MDIX，集线器的端口类型为 MDIX。直连网线用于连接 MDI 和 MDIX，交叉网线用于连接 MDI 和 MDI 或 MDIX 和 MDIX，见表 3-1。

表 3-1　设备连接方法

	主机	路由器	交换机 DIX	交换机 MDI	集线器（Hub）
主机	交叉	交叉	直连	N/A	直连
路由器	交叉	交叉	直连	N/A	直连
交换机 MDIX	直连	直连	交叉	直连	交叉
交换机 MDI	N/A	N/A	直连	交叉	直连
集线器（Hub）	直连	直连	交叉	直连	交叉

3.1.2　同轴电缆

1. 同轴电缆简介

同轴电缆（Coaxial Cable）由内、外两部分同轴线的导体组成，所以称为同轴电缆。在同轴电缆中，内导体是一根导线，外导体是圆柱面，两者之间有填充物，外导体能够屏蔽外界电磁场对内导体中信号的干扰。同轴电缆的这种结构使它具有更宽的带宽和极好的噪声抑制特性，比双绞线的屏蔽性要好，因此信号可以传输得更远。1km 的同轴电缆可以达到 1 ～ 2Gbit/s 的数据传输速率。同轴电缆示意图如图 3-8 所示。

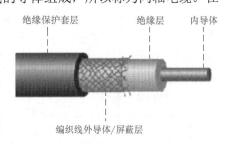

图 3-8　同轴电缆示意图

同轴电缆可用于模拟信号和数字信号的传输，适用于各种各样的应用，其中最重要的有电视传播、长途电话传输、计算机系统之间的短距离连接以及局域网等。同轴电缆作为将电视信号传播到千家万户的一种手段发展迅速，这就是有线电视。一个有线电视系统可以负载几十个甚至上百个电视频道，其传播范围可以达几十千米。长期以来，同轴电缆都是长途电话网的重要组成部分。同轴电缆是网络早期使用的传输线缆，随着光纤、地面微波和卫星的日益广泛应用，同时由于同轴电缆具有网络传输速率较低和造价成本较高等缺点，因此目前在计算机网络中同轴电缆使用较少。但是在视频监控和广播电视网传输中较多地使用同轴电缆，用于视频图像传输。

2. 同轴电缆分类

同轴电缆可分为两种基本类型，即基带（Baseband）同轴电缆和宽带（Broadband）同轴电缆。

基带同轴电缆的屏蔽线是用铜做成的，特征阻抗为 50Ω。这种电缆用来直接传输离散变化的数字信号，常用型号为 RG-8、RG-58 等。传输速率一般为 10Mbit/s。这种电缆按直径又可分为细同轴电缆（直径为 0.5mm，简称细缆）和粗同轴电缆（直径为 10mm，简称粗缆），如图 3-9 和图 3-10 所示。10Base5 使用粗同轴电缆，最大网段长度为 500m；10Base2 使用细同轴电缆，最大网段长度为 185m。

粗同轴电缆的抗干扰能力更强，传输距离更长，但其安装更困难，成本也更高。在传送基带数字信号时，可以采用不同的编码方法，在计算机通信中常用曼彻斯特编码和差分曼彻斯特编码。无论是使用粗同轴电缆还是细同轴电缆连接的网络，故障点往往会影响整根电缆上的所有机器，故障的诊断和修复都很麻烦。因此，基带同轴电缆已逐步被非屏蔽双绞线

图 3-9　细同轴电缆　　　　　　　　　　　　图 3-10　粗同轴电缆

或光缆所取代。

带宽同轴电缆常用的电缆屏蔽层通常是用铝冲压而成的，特性阻抗为 75Ω。这种电缆通常用于传输模拟信号，常用型号为 RG-59，是有线电视网中使用的标准传输线缆，可以在一根电缆中同时传输多路电视信号。宽带同轴电缆也可用作某些计算机网络的传输介质。

3. 同轴电缆优缺点

同轴电缆的优点是可以在相对长的无中继器的线路上支持高带宽通信，而其缺点也是显而易见的：一是体积大，细同轴电缆的直径就有 3/8in（0.9525cm），要占用电缆管道的大量空间；二是不能承受缠结、压力和严重的弯曲，这些都会损坏电缆结构，阻止信号的传输；最后就是成本高。所有这些缺点正是双绞线能克服的，因此在现在的局域网环境中，基本已被基于双绞线的以太网物理层规范所取代。

4. 其他类型电缆

其他常用的电缆有大对数通信电缆、小对数通信电缆和电梯电缆等。大对数通信电缆通常用于室外通信主接线箱，一般支持数百户，如图 3-11 所示。小对数电缆通常用

图 3-11　大对数通信电缆

于室外通信分接线箱或建筑物内楼层分线箱，一般支持数十户，如图 3-12 所示。电梯电缆用于随电梯行走的电视监控专用线材，内含视频线、电源线、钢丝，如图 3-13 所示。

图 3-12　小对数通信电缆　　　　　　　　　图 3-13　电梯电缆

3.1.3　光纤

1. 光纤简介

光纤也是目前网络常用的传输介质。光纤具有传输距离远、传输带宽高、传输速度快、抗干扰能力强等优点。光纤是由纯石英玻璃制成的，纤芯外面包围着一层折射率比纤芯低的包层，包层外是塑料护套。光纤通常被扎成束，外面有外壳保护。光纤的传输速率可达 100Gbit/s。

多条光纤组成的传输线就是通常人们所说的光缆，如图 3-14 所示。用于计算机网络中的光缆一般由偶数条光纤组成。目前光缆在数据传输中是最佳的传输介质，适应目前网络对远距离传输和大容量宽带信号的传输要求，在计算机网络中发挥着十分重要的作用。随着信

息技术应用的不断延伸和发展，光缆在信息传输中的
应用也越来越广。

2. 光纤的分类

按照光纤传输的模式数量，可以将光纤分为多模
光纤和单模光纤。

（1）多模光纤　多模光纤（Multi Mode Fiber，
MMF）的中心玻璃芯较粗（芯径一般为 50μm 或
62.5μm），可传多种模式的光。但其模间色散较大，
这就限制了传输数字信号的频率，而且随距离的增加
会更加严重。例如，600MB/km 的光纤在 2km 时只有

图 3-14　光缆

300MB 的带宽。因此，多模光纤传输的距离就比较短，一般只有几千米。

（2）单模光纤　单模光纤（Single Mode Fiber，SMF）的中心玻璃芯很细（芯径一般为
9μm 或 10μm），只能传一种模式的光。因此，其模间色散很小，适用于远程通信，但存在
着材料色散和波导色散，这使单模光纤对光源的谱宽和稳定性有较高的要求，即谱宽要窄，
稳定性要好。后来又发现在 1.31μm 波长处，单模光纤的材料色散和波导色散一个为正、一
个为负，大小也正好相等。这就是说在 1.31μm 波长处，单模光纤的总色散为零。从光纤的
损耗特性来看，1.31μm 处正好是光纤的一个低损耗窗口。这样，1.31μm 波长区就成了光纤
通信的一个很理想的工作窗口，也是现在实用光纤通信系统的主要工作波段。1.31μm 常规
单模光纤的主要参数是由 ITU-T 在 G652 建议中确定的。因此这种光纤又称为 G652 光纤。
多模光纤和单模光纤如图 3-15 所示。

a) 多模光纤

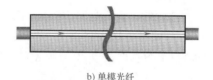

b) 单模光纤

图 3-15　多模光纤和单模光纤

简单地说，单模光纤传输距离长，多模光纤传输距离短。

双绞线、同轴电缆和光纤都是有线传输介质。若粗略地比较一下，从双绞线开始，基
带同轴电缆、宽带同轴电缆、多模光纤直至单模光纤，性能是由低至高的，价格也从廉到
贵。这里的价格不仅指传导媒体（如光纤本身）的价格，还包括了光源和光检测器的价
格等。

3.2　无线传输介质

无线传输可以在自由空间利用电磁波发送和接收信号来进行通信，不需要架设、敷埋
电缆和光纤等。地球上的大气层为大部分无线传输提供了物理通道，就是常说的无线传输介
质。无线传输所使用的频段很广，人们现在已经利用了好几个波段进行通信。常用的无线通
信介质主要有无线电波、微波、红外线和激光等。

3.2.1 无线电波

无线电波是电磁波的一部分，它指的是频率在 0 ～ 300MHz 的电磁波。在这段频率内，电磁波被人为地划分为几个不同的波段，不同的波段有着不同的用途，各波段传播的方式也各不相同，因为长波和超长波的波长很长（超过 1000m），所以以地波的方式进行传播；中波的波长在百米级，以天波和地波两种方式进行传播；短波和超短波以天波方式进行传播。无线电波传输如图 3-16 所示。

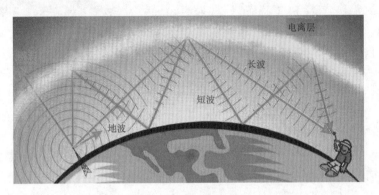

图 3-16 无线电波传输

在无线电波的这一频段内很少用来进行数据传输，主要有两个原因：一是因为它们的带宽有限，所传输的数据量有限；另一个是因为此频段开发较早，大部分频段已经被占用，可利用频段较少。

3.2.2 微波和卫星

微波通信的载波频率范围为 2 ～ 40GHz。其比一般的无线电波频率高，通常也称为"超高频电磁波"，可同时传送大量信息。例如，一个带宽为 2MHz 的频段可容纳 500 条语音线路，用来传输数字数据时，速率可达 Mbit/s 级别。微波通信的工作频率很高，与通常使用的无线电波不同，微波是沿直线传播的。由于地球表面是曲面，微波在地面的直接传播距离有限，其直接传播的距离与天线的高度有关，天线越高，传播距离越远，超过一定距离后就要用中继站来接力，其传播示意图如图 3-17 所示。每隔几十千米就要建一个中继站，这种传播方式投资费用大，易受干扰，只要一个或几个中继站出问题，就会导致全线瘫痪。早期的电视传输就是利用这种方式，其效果非常不好，所以现在也很少使用。

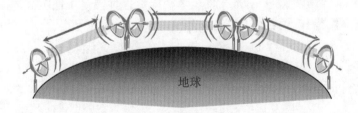

图 3-17 地球微波传输

卫星通信是微波通信中的特殊形式，它利用地球同步卫星作为中继来转发微波信号。卫星通信可以克服地面微波通信的距离限制，一个同步卫星可以覆盖地球 1/3 以上的表面，三个这样的卫星就可以覆盖地球上的全部通信区域，这样，地球上的各个地面站都可以互相通信。卫星信道也可采用频分多路复用技术分为若干子信道，有些由地面站向卫星发送数据（称为上行信道），有些由卫星向地面转发数据（称为下行信道）。卫星通信具有容量大、传输距离远的优点，但是传播延迟时间长。对于数万千米高的卫星来说，以 200m/μs 的信号传播速率来计算，数据从发送站通过卫星转发到接收站的传播延迟时间数百毫秒，这相对于地面电缆的传播延迟时间相差了几个数量级。地球同步卫星传输如图 3-18 所示。

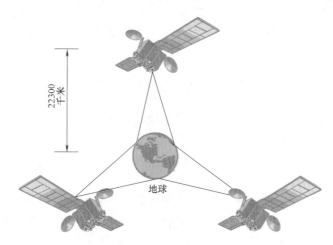

图 3-18　地球同步卫星传输

3.2.3　红外线

红外线（Infrared）是波长介于微波与可见光之间的电磁波。电磁辐射频谱图如图 3-19 所示。红外线可分为三部分：近红外线，波长在 0.7～2.5μm 之间；中红外线，波长在 2.5～25μm 之间；远红外线，波长在 25～1500μm 之间。

红外通信也像微波通信一样，有很强的方向性，都是沿直线传播的，常被广泛用于短距离通信。电视、录像机使用的遥控装置都利用了红外线。红外线有一个主要缺点：不能穿透坚实的物体。正是由于这个原因，一间房屋里的红外系统不会对其他房间里的系统产生串扰，红外系统防窃听的安全性要比无线电系统好。在不能架设有线线路且使用无线电又怕暴露自己的情况下，使用红外线通信是比较好的。

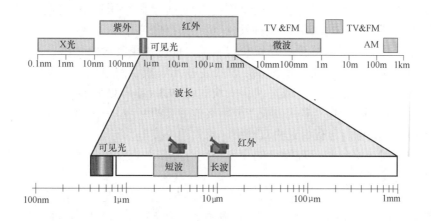

图 3-19　电磁辐射频谱图

3.2.4　激光

激光束也可以在空中传输数据。和微波通信相似，至少要有两个激光站，每个站点都拥有发送信息和接收信息的能力。激光设备通常安装在高山上的铁塔上，并且天线相互对应。由于激光束能在很长的距离上保持聚焦，因此激光的传输距离很远，能传输几十千米。

激光技术与红外线技术类似，因为它也需要无障碍地进行直线传播。任何阻挡激光束的人或物都会阻碍正常的传输。激光束不能穿过建筑物和山脉，但可以穿透云层。

3.3　网络设备

网络通信除了要有通信介质外，还需要有通信设备的支持。常见的通信设备有网卡、集线器、网桥、交换机、路由器、网关等。

3.3.1　网卡

1. 网卡简介

计算机与外界局域网的连接通常是通过在主机箱内插入一块网络接口板（或者是在笔记本计算机中插入一块 PCMCIA 卡）来实现的。网络接口板又称为通信适配器、网络适配器（Network Adapter）或网络接口卡（Network Interface Card，NIC），但是人们愿意使用更为简单的名称——"网卡"。它是局域网中最基本的部件之一。

每块网卡都有一个唯一的网络节点地址，它是生产厂家在生产该网卡时直接烧入网卡 ROM 中的，也称为 MAC（Media Access Control，媒体访问控制）地址。网卡的 MAC 地址全球唯一，一般用于在网络中标识网卡所插入计算机的身份。网卡是工作在数据链路层的网络组件，是局域网中连接计算机和传输介质的接口，不仅能实现与局域网传输介质之间的物理连接和电信号匹配，还涉及帧的发送与接收、帧的封装与拆封、介质访问控制、数据的编码与解码，以及数据缓存的功能等。

2. 网卡的功能

网卡和局域网之间的通信是通过电缆或双绞线以串行传输方式进行的。而网卡和计算机之间的通信则是通过计算机主板上的 I/O 总线以并行传输方式进行的。因此，网卡的一个重要功能就是进行串行 / 并行转换。由于网络上的数据传输率和计算机总线上的数据传输率并不相同，因此在网卡中必须装有对数据进行缓存的存储芯片。

网卡以前是作为扩展卡插到计算机总线上的，但是由于其价格低廉，而且以太网标准普遍存在，所以对于大部分新的计算机，都在主板上集成了网络接口。这些主板或是在主板芯片中集成了以太网的功能，或是使用一块通过 PCI（或者更新的 PCI-Express 总线）连接到主板上的网卡。除非需要多接口或者使用其他种类的网络，否则不再需要一块独立的网卡。甚至更新的主板可能含有内置的双网络（以太网）接口。

在安装网卡时，必须将管理网卡的设备驱动程序安装在计算机的操作系统中。网卡还要能够实现以太网协议。

网卡并不是独立的自治单元，因为网卡本身不带电源，而是必须使用所插入计算机的电源，并受该计算机的控制。因此网卡可看成一个半自治的单元。当网卡收到一个有差错的帧时，它就将这个帧丢弃而不必通知它所插入的计算机。当网卡收到一个正确的帧时，它就使用中断来通知该计算机并交付给协议栈中的网络层。当计算机要发送一个 IP 数据报时，它就由协议栈向下交给网卡，组装成帧后发送到局域网。

随着集成度的不断提高，网卡上芯片的个数不断减少，虽然各个厂家生产的网卡种类繁多，但其功能大同小异。网卡的主要功能有：

1）数据的封装与解封。发送时将上一层（网络层），传递来的数据加上首部和尾部，成为以太网的帧。接收时将以太网的帧剥去首部和尾部，然后送交上一层（网络层）。

2）链路管理。主要是通过 CSMA/CD（Carrier Sense Multiple Access with Collision Detection，带冲突检测的载波监听多路访问）协议来实现。

3）数据编码与译码。即曼彻斯特编码与译码。其中曼彻斯特编码，又称数字双向码、分相码或相位编码（PE），是一种常用的二元码线路编码方式。在通信技术中，用来表示所要发送比特流中的数据与定时信号所结合起来的代码，常用在以太网通信、列车总线控制、工业总线等领域。

3. 网卡的分类

网卡可以按照不同方式进行分类，如按工作方式分、按照工作对象方式分和按总线类型分等。

（1）按工作方式分　按工作方式，一般网卡可以分为半双工和全双工方式。半双工只能在同一时间做一件事，如上传或下载，而全双工就可以同时上传和下载。如果只是局域网中机器之间互传文件，并且文件较大，那么 100Mbit/s 的半双工就比较快。如果用来上网，并且网络带宽比较有限，那么肯定是 10Mbit/s 全双工比较快。

（2）按工作对象方式分　按工作对象方式，网卡可分为工作站普通网卡和服务器专用网卡。服务器专用网卡是为了适应网络服务器的工作特点而设计的。工作站普通网卡是一般计算机上使用的网卡。

（3）按总线类型分　按总线类型，网卡可分为 ISA 网卡、EISA 网卡和 PCI 网卡。ISA 网卡是在原始的计算机上使用的总线结构的网卡，现已经被淘汰。EISA 网卡是在 386 型主板和 486 型主板上使用的扩展工业标准结构的网卡。而现在使用的一般是 PCI 网卡（即插即用总线结构），支持 32/64 位本地总线。

（4）按接口类型分　按接口类型，网卡可分为 BNC 接口、AUI 接口、RJ-45 接口以及光纤接口网卡。BNC 接口网卡（即细同轴电缆接口）用于总线结构的细同轴电缆中；AUI 接口网卡连接粗同轴电缆，或者是连接收发器时才会使用；RJ-45 接口网卡是最常用的双绞线接口网卡，也就是市场上的主要接口网卡；光纤接口网卡是光纤电缆所使用的 FC 接口网卡，也是发展的趋势，但价格比较昂贵。另外，还有笔记本计算机所使用的 PCMCIA 网卡，即插即用，并支持热插拔，以及 USB 外置接口网卡。

（5）按传输速率分　按网卡的传输速率可分为 10Mbit/s 网卡、100Mbit/s 网卡、10/100Mbit/s 自适应网卡、1000Mbit/s 网卡及万兆网卡。

以前的 EISA 网卡，或者带有 BNC 接口和 RJ-45 接口的网卡常用的速率为 10Mbit/s。而 10/100Mbit/s 自适应网卡是通过集线器或交换机自动协商来确定当前的速率是 10Mbit/s 还是 100Mbit/s。1000Mbit/s 及以上速率网卡，一般都是服务器采用的以太网网卡，该网卡多用于服务器与交换面之间的连接，以提高整体系统的响应速率。

目前市场上大多是用于连接双绞线的 RJ-45 接口的网卡，如图 3-20 所示。

3.3.2 集线器

1. 集线器简介

集线器的英文为"Hub"。"Hub"是"中心"的意思，集线器的主要功能是对接收到的信号进行再生整形放大，以扩大网络的传输距离，同时把所有节点集中在以它为中心的节点

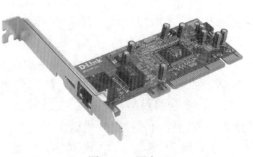

图 3-20 网卡

上。集线器与网卡、网线等传输介质一样，属于局域网中的基础设备，采用 CSMA/CD 介质访问控制机制。集线器的每个接口简单地收发比特，收到 1 就转发 1，收到 0 就转发 0，不进行碰撞检测。

集线器是一个多端口的转发器，当以集线器为中心设备时，网络中的某条线路产生了故障，并不影响其他线路的工作。所以集线器在局域网中得到了广泛的应用。大多数的时候它用在星形与树形网络拓扑结构中，以 RJ-45 接口与各主机相连（也有 BNC 接口）。

集线器是中继器的一种，它能提供较多的连接端口，故也称为多口中继器，是指将多条以太网双绞线或光纤集合连接在同段物理介质下的设

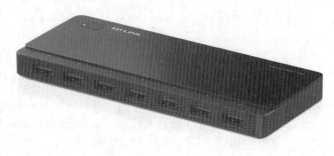

图 3-21 集线器

备，如图 3-21 所示。若它侦测到碰撞，就会提交阻塞信号。

集线器通常会附上 BNC and/or AUI 转接头来连接传统的 10Base-2 或 10Base-5 网络。由于集线器会对收到的任何数字信号进行再生或放大，并从集线器的所有端口提交，因此会使信号之间冲突的机会增大，而且信号也可能被窃听，并且这代表所有连到集线器的设备都属于同一个冲突域以及广播域，因此大部分集线器已被交换机取代。

2. 集线器的工作原理

集线器工作于 OSI 参考模型的物理层和数据链路层的 MAC（介质访问控制）子层。物理层定义了电气信号、符号、线的状态和时钟要求，以及数据编码和数据传输用的连接器。因为集线器只对信号进行整形、放大后再重发，不进行编码，所以是物理层的设备。10Mbit/s 集线器在物理层有四个标准接口可用，那就是 10Base-5、10Base-2、10Base-T、10Base-F。10Mbit/s 集线器的 10Base-5（AUI）端口用来连接层 1 和层 2。

集线器采用了 CSMA/CD 协议，CSMA/CD 为 MAC 层协议，所以集线器也含有数据链路层的内容。

集线器的工作过程是非常简单的，可以这样描述：首先是节点发信号到线路，集线器接收该信号，因信号在电缆传输中有衰减，因此集线器接收信号后将衰减的信号整形放大，然后集线器将放大的信号广播转发给其他所有端口。一个典型的由集线器连接而成的局域网结构如图 3-22 所示，所有主机都连接到中心节点的集线器上，构成一个物理上的星形连接。但实际上，在集线器内部，各接口都是通过背板总线连接在一起的，在逻辑上仍构成一个共

享的总线。因此，集线器和其所有接口所接的主机共同构成了一个冲突域和一个广播域。而当网络中主机数目增加后，广播的数据量骤然增多，可能导致严重的冲突，以致网络瘫痪，这种现象就称为"广播风暴"。

集线器属于纯硬件网络底层设备，基本上不具有类似于交换机的"智能记忆"能力和"学习"能力。它也不具备交换机所具有的 MAC 地址表，所以它发送数据时都是没有针对性的，采用广播

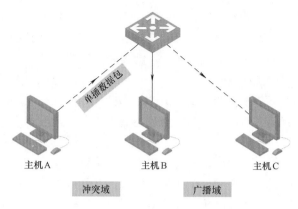

图 3-22 典型的由集线器连接而成的局域网结构

方式发送。也就是说，当它要向某节点发送数据时，不是直接把数据发送到目的节点，而是把数据包发送到与集线器相连的所有节点。

3. 集线器的分类

集线器（Hub）的类型主要有无源集线器、有源集线器及智能集线器三种。

（1）无源集线器

无源集线器仅负责把多段介质连在一起，不对信号做任何处理。这样它对每一个介质段，只允许扩展到最大有效距离（一般为 200m）的一半。无源集线器需要在没有使用的端口上接上一个终结器。

（2）有源集线器

有源集线器与无源集线器相似，但它还具有对传输信号的再生、放大作用，有扩展通信介质长度的功能。虽然有源集线器更贵，但它与无源集线器相比有诸多优点。首先，有源集线器具有自终结能力，假设用户使用四口有源集线器中的三个口，那么用户不必给第四个端口连上终结器。此外，有源集线器可使网络的作用范围扩大等。

（3）智能集线器

智能集线器除了具有有源集线器的全部功能外，还将网络的功能集成到集线器中，诸如网络管理功能及智能选择网络传输通路等。

4. 集线器的应用场景

集线器主要用于共享网络的组建，是解决从服务器直接到桌面最经济的方案。在交换式网络中，集线器直接与交换机相连，将交换机端口的数据送到桌面。使用集线器组网灵活，它处于网络的一个星形节点，对节点相连的工作站进行集中管理，不让出问题的工作站影响整个网络的正常运行，并且用户的加入和退出也很自由。

3.3.3 网桥

在局域网组网中，还经常使用数据链路层设备——网桥和交换机。本小节先介绍网桥。

网桥（Bridge）是早期的两端口二层网络设备，用来连接不同网段。网桥的两个端口分别有一条独立的交换通道，不是共享一条背板总线，可隔离冲突域。网桥比集线器性能更好，集线器的各端口都共享一条背板总线。随着技术的更新换代，网桥被具有更多端口、可隔离冲突域的交换机（Switch）所取代。

1. 网桥简介

在很多情况下，一个企业往往有多个局域网，或者一个局域网由于通信距离受限无法覆盖所有的节点。这时，常需要将这些局域网互联起来，以实现局域网之间的通信。这样就扩展了局域网的范围。

扩展局域网最常用的方法是使用网桥。最简单的网桥有两个端口，复杂些的网桥可以有更多的端口。网桥的每个端口与一个网段相连。

网桥用来连接两个网络操作系统相同的网络。比如当一个 Novel1 网络在距离和功能上不能满足用户需要时，用户可以配置另一个 Novel1 网络，用网桥连接，以扩展距离和功能。网桥有内桥和外桥两种。内桥由文件服务器兼任，外桥是专门的一台微机来作为两个网络的连接设备。网桥工作在链路层。

2. 网桥的工作原理与特点

网桥又称为桥接器，是一种在数据链路层将两个局域网（LAN）连接起来的存储转发设备。它独立于高层协议，即与高层协议无关。网桥可识别和处理进出该设备的数据包。当它收到一个数据包时，先做帧校验，然后查看介质存储控制层（MAC）的源地址和宿地址以决定帧的去向。网桥在此起到一个"过滤器"的作用。一个典型的由网桥连接而成的局域网结构如图 3-23 所示。

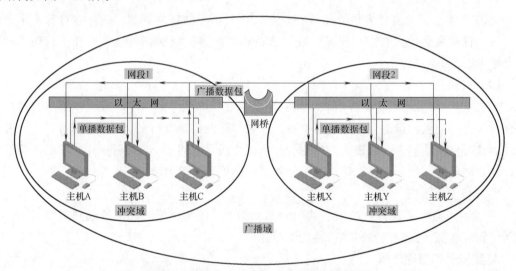

图 3-23　典型的由网桥连接而成的局域网结构

图中，网段 1 的主机 A 发给主机 B 的数据包不会被网桥转发到网段 2。因为，网桥可以识别这是网段 1 内部的通信数据流。同样，网段 2 的主机 X 发给主机 Y 的数据包也不会被网桥转发到网段 1。可见，网桥可以将一个冲突域分为两个。其中，每个冲突域都共享自己的总线信道带宽。但是，当主机 C 发送了一个目标是所有主机的广播类型数据包时，网桥要转发这样的数据包。网桥两侧的两个网段总线上的所有主机都要接收该广播数据包。因此，网段 1 和网段 2 仍属于同一个广播域。与中继器相比，网桥有如下特点：

1）可以实现不同拓扑类型的 LAN 互联（例如，用网桥可以把以太网和令牌环连接起来），而中继器只能实现相同拓扑的以太网段间的连接。

2）由于网桥是链路层互联设备，因此不再受 MAC 定时特性的限制，可以在更大的地理范围内实现 LAN 互联。

3）可以隔离错误，提高网络性能。

4）网桥可以根据网络地址和协议类型拦截一些不该转发的帧，这样是有利于网络安全保密的。

网桥由硬件和软件两部分组成。硬件可由一台微机担任，软件为相应的网桥软件。对于内桥（指文件服务器兼作网桥），可在其中插入多块网卡（如一块以太网卡、一块 ARCnet 网卡等），然后它们分别连接至以太网和 ARCnet 网上。内桥的优点是连接和管理方便，缺点是当文件服务器负担较重时，会严重影响网络性能。外桥又可分本地网桥和远程网桥。外桥是运行特定网桥软件的一台计算机；而远程路由器也是运行特定网桥软件的一台计算机（该计算机又称为通信服务器），它同时又是本地局域网的一个工作站，利用其串口或专用的广域网接口模块（如 Novell 的 WNIM）和调制解调器相连，通过电话线连至其他局域网、小型机、大型机或远程工作站。

3. 网桥的优缺点

使用网桥可以带来以下好处：

1）过滤通信量。网桥可以使局域网的一个网段上各工作站之间的信息量局限在本网段的范围内，不会经过网桥流到其他的网段去。由于这种过滤作用，局域网上的负荷量就减轻了，因而减少了扩展局域网上的所有用户所经受的平均延时。

2）扩大了物理范围。但代价是增加了一些存储转发延时。

3）增加了工作站的最大数目。

4）可使用不同的物理层，可互联不同类型的局域网。

5）提高了可靠性。当网络出现故障时，一般只影响个别网段。

6）性能得到改善。如果把较大的局域网分成若干较小的局域网，并且每个较小的局域网内部的信息量明显地高于网间的通信量，那么整个互联网络的性能就变得更好。

当然，网桥也有不少缺点，例如：

1）网桥对接收的帧要先存储和查找站表，然后才转发，这就增加了延时。

2）网桥在 MAC 子层并没有流量控制功能。当网络上的负荷很重时，网桥中缓冲区的存储空间可能不够而发生溢出，以至产生帧丢失的现象。

3）具有不同 MAC 子层的网段桥接在一起时，网桥在转发一个帧之前，必须修改帧的某些字段的内容，以适应另一个 MAC 子层的要求。这也需要耗费时间。

4）网桥只适合于用户数不太多（不超过几百个）和通信量不太大的局域网，否则有时会产生较大的广播风暴。

3.3.4 交换机

随着网络技术的发展，交换机技术越来越先进，已经逐渐取代了部分集线器的高端应用。交换机是一种用于接入层的设备。交换机可将多台主机连接到网络，可以转发消息到特定的主机。

1. 交换机简介

交换机（Switch）意为"开关"，是一种用于电（光）信号转发的网络设备，它可以为接入交换机的任意两个网络节点提供独享的电信号通路。交换是按照通信两端传输信息的需要，用人工或设备自动完成的方法，把要传输的信息送到符合要求的相应路由上的技术的统称。最常见的交换机是以太网交换机，如图 3-24 所示。其他常见的还有电话语音交换机、光纤交换机等。它的基本功能是在多个计算机或网段之间交换数据。交换机有多个端口，每个端口都具有桥接功能，可以连接一个局域网、一台高性能服务器或工作站。实际上，交换机有时被称为多端口网桥。

图 3-24　以太网交换机

2. 交换机的工作原理

交换机工作于 OSI 参考模型的第二层，即数据链路层。交换机内维护着一张表，该表为 MAC 地址表，记录了相连设备的 MAC 地址、端口号及 VLAN ID 之间的对应关系，如图 3-25 所示。在转发数据时，交换机根据报文中的目的 MAC 地址和 VLAN ID 查询 MAC 地址表，快速定位出端口，从而减少广播。因此，交换机可用于划分数据链路层广播，即冲突域；但它不能划分网络层广播，即广播域。

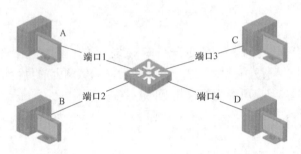

图 3-25　MAC 地址表

设备在转发报文时，根据 MAC 地址表项信息，交换机会采取单播方式或广播方式。当 MAC 地址表中包含与报文目的 MAC 地址对应的表项时，交换机采用单播方式直接将报文从该表项中的转发出端口发送。当设备收到的报文为广播报文、多播报文或 MAC 地址表中没有包含对应报文目的 MAC 地址的表项时，交换机将采取广播方式将报文向除接收端口外同一 VLAN 内的所有端口转发。接收端口回应后，交换机会"学习"新的 MAC 地址，并把它添加到内部 MAC 地址表中。使用交换机也可以把网络"分段"，通过对照 IP 地址表，交换机只允许必要的网络流量通过交换机。通过交换机的过滤和转发，可以有效地减少冲突域。但它不能划分网络层广播，即广播域。一个交换机连接的网络示意图如图 3-26 所示。

交换机为主机 A 和主机 B 建立一条专用的信道，也为主机 C 和主机 D 建立一条专用的信道。只有当某个接口直接连接了一个集线器，而集线器又连接了多台主机时，交换机上的该接口和集线器上所连的所有主机才可能产生冲突，形成冲突域。换句话说，交换机上的每个接口都是自己的一个冲突域。但是，交换机同样没有过滤广播通信的功能。当交换机收到一个广播数据包后，它会向其所有的端口转发此广播数据包。因此，交换机和其所有接口所连接的主机共同构成了一个广播域。

交换机有三个主要功能：

1）地址学习（Address Learning）：交换机可以记住在一个接口上所收到的每个数据帧的源 MAC 地址，并存储到 MAC 地址表中。

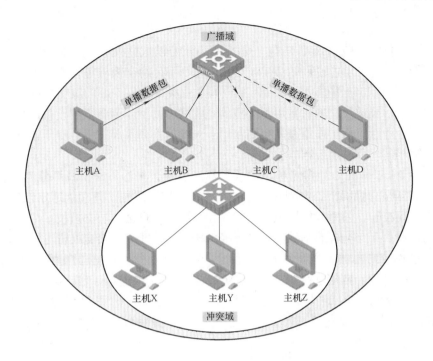

图 3-26　交换机连接的网络示意图

2）转发 / 过滤（Forward/Filter）：当交换机的某个接口上收到数据帧时，就会查看目的 MAC 地址，并在交换机的 MAC 地址表中查找该目的 MAC 地址。如果找到，则从指定的端口转发数据帧；如果未找到或该数据帧为广播帧，则向交换机的所有端口转发该数据帧。

3）环路避免。

从物理上来看，交换机类似于集线器：具有多个端口，每个端口可以连接一台计算机。交换机和集线器的区别在于它们的工作方式：集线器共享传输介质，有多个端口需要同时传输数据时就会发生冲突，而交换机内部一般采用背板总线交换结构为每个端口提供独立的共享介质，即每个冲突域只有一个端口。

3. 交换机的特点

1）以太网交换机的端口一般都工作在全双工模式下。

2）交换机能同时联通多组（每组两个）端口，使每一组相互通信的主机都能像独占通信媒体那样进行无冲突的数据传输。

3）以太网交换机使用了专用的交换芯片，其交换速率较高。

4）独占传输媒体的带宽。

举例来说，对于普通 10Mbit/s 的共享式以太网，若共有 N 个用户，则每个用户占有的平均带宽只有总带宽（10Mbit/s）的 N 分之一。而使用以太网交换机时，虽然每个端口到主机的带宽还是 10Mbit/s，但由于一个用户在通信时是独占的，而不是和其他网络用户共享传输媒体的带宽，因此拥有 N 个端口的交换机的总容量为 N 倍的 10Mbit/s。

4. 交换机的分类

1）从广义上来看，交换机可分为广域网交换机与局域网交换机。广域网交换机主要用于电信领域，提供通信用的基础平台。局域网交换机主要用于局域网络，用来连接终端设备，如 PC、打印机等。

2）从传输介质与传输速率来看，交换机又分为以太网交换机、快速以太网交换机、千兆以太网交换机、FDDI 交换机、ATM 交换机和令牌环网交换机等。

3）从应用规模与应用层次上来看，可分为企业级交换机、部门级交换机和工作组交换机等。一般来说，企业级交换机常用于大型的企业网中，常作为骨干网设备，部门级交换机常用于中小型企业网，而工作组交换机则常用于一般的办公室等网络。对于该划分方法，各设备厂商不尽相同，只是进行粗略的划分。

4）从交换机工作在 OSI 参考模型的层次和应用场景来看，交换机可分为二层交换机、三层交换机和四层交换机。二层交换机主要工作在数据链路层，其功能通常包括物理编址、拓扑网络、错误校验、帧序列检测与流控制等。三层交换机是二层交换技术与三层路由技术结合的产物，在二层交换机的基础上提供了路由转发的功能。三层交换机可以在局域网内代替路由器，从而较路由器提高了性能，简化了配置工作。同时，三层交换机还提供安全特性、服务质量等功能。四层交换机基于传输层数据包的交换过程，是一类基于 TCP/IP 应用层的用户应用交换需求的新型局域网交换机。即四层交换机不仅完全具备三层交换机的所有交换功能和性能，还能支持三层交换机不可能拥有的网络流量和服务质量控制的智能型功能。

3.3.5 路由器

无论是集线器，还是网桥、交换机，只能完成局域网互联，即网络中的主机都处在同一个网段。当需要将不同网段的设备互联起来时，就必须借助于路由器了。

路由器（Router）是互联网的主要节点设备。路由器主要决定最佳路由并转发数据包。路由器通过路由决定数据的转发。转发策略称为路由选择，这也是路由器名称的由来。作为不同网络之间互相连接的枢纽，路由器系统构成了基于 TCP/IP 的国际互联网络的主体脉络，也可以说，路由器构成了 Internet 的骨架。它的处理速度是网络通信的主要瓶颈之一，它的可靠性则直接影响着网络互联的质量。因此，在园区网、地区网乃至整个 Internet 研究领域中，路由器技术始终处于核心地位，其发展历程和方向，成为 Internet 研究的一个缩影。

有的路由器仅支持单一协议，但大部分路由器可以支持多种协议的传输，即多协议路由器。由于每一种协议都有自己的规则，要在一个路由器中完成多种协议的算法，势必会降低路由器的性能。路由器的主要工作就是为经过路由器的每个数据帧寻找一条最佳传输路径，并将该数据有效地传送到目的站点。由此可见，选择最佳路径的策略（即路由算法）是路由器的关键所在。为了完成这项工作，路由器中保存着各种传输路径的相关数据——路由表（Routing Table），供路由选择时使用。路由表中保存着子网的标志信息、网上路由器的个数和下一个路由器的名称等内容。

从概念上讲，路由器与网桥类似，但它们之间有本质的区别。首先，网桥工作在数据链路层，路由器工作在网络层。网桥基于数据链路层的物理地址（即 MAC 地址）来确定是否转发数据帧；路由器是根据网络层逻辑地址（IP 地址）中的目的网络地址来决定数据转发的路径，进行数据分组的转发。因此，用网桥互联起来的网络只能属于一个单个的逻辑网，而路由器互联的是多个不同的逻辑网（即子网）。每个逻辑子网都具有不同的网络地址。一个逻辑子网可以对应一个独立的物理网段，也可以不对应（如虚拟网）。另外，由于网桥作用于数据链路层，因此它没有隔离广播信息的能力。路由器可以隔离广播信息，抑制广播风暴。因此，路由器与网桥和其他网络互联设备相比有更高的智能性、更丰富的功能、更强的异种网络互联能力和更好的安全性，并为网络互联提供了更多的灵活性，是应用最为广泛的网络互联设备。即使是在今天的交换网络环境中，路由器技术仍然是一种不可缺少的技术。

1. 路由简介

（1）路由的概念 路由（Routing）是指分组从源地址到目的地址时，决定端到端路径的网络范围的进程。路由工作在 OSI 参考模型的第三层——网络层。路由器为数据包转发设备。路由器通过转发数据包来实现网络互联。虽然路由器可以支持多种协议（如 TCP/IP、IPX/SPX、AppleTalk 等协议），但是在我国，绝大多数路由器都运行 TCP/IP。路由器通常连接两个或多个由 IP 子网或点到点协议标识的逻辑端口，至少拥有一个物理端口。路由器根据收到的数据包中的网络层地址以及路由器内部维护的路由表决定输出端口以及下一跳地址，并且重写链路层数据包头来实现转发数据包。路由器通过动态维护路由表来反映当前的网络拓扑，并通过网络上的其他路由器交换路由和链路信息来维护路由表。

（2）路由表的构成 路由器工作时依赖于路由表进行数据的转发。路由表犹如一张地图，包含去往各个目的地的路径信息（路由条目）。不同厂家的路由器需使用不同的操作命令来查看相关信息。路由表由目的网络地址（Dest）、掩码（Mask）、下一跳地址（Gw）、发送的物理端口（Interface）、路由信息的来源（Owner）、路由优先级（pri）、度量值（metric）等构成，如图 3-27 所示。

Dest	Mask	Gw	Interface	Owner	pri	metric
192.168.1.0	255.255.255.0	192.168.2.1	FastEthernet0/1	static	1	0

图 3-27　路由表构成

对于图 3-27，进行如下说明：

192.168.1.0：目的逻辑网络地址或子网地址。

255.255.255.0：目的逻辑网络地址或子网地址的网络掩码。

192.168.2.1：下一跳逻辑地址。

FastEthernet0/1：学习到这条路由的接口和数据的转发接口。

static：路由器学习到这条路由的方式。

1：路由优先级。

0：度量值。

2. 路由器的功能

路由器是一种多端口设备，它可以连接不同传输速率的运行于各种环境的局域网和广域网，也可以采用不同的协议。路由器属于 OSI 模型的第三层——网络层，指导从一个网段到另一个网段的数据传输，也能指导从一种网络向另一种网络的数据传输。路由器有如下功能：

1）网络互联。路由器支持各种局域网和广域网接口，主要用于互联局域网和广域网，实现不同网络相互通信。

2）数据处理。路由器提供包括分组过滤、分组转发、优先级选择、复用、加密、压缩和防火墙等的功能。

3）网络管理。路由器提供包括路由器配置管理、性能管理、容错管理和流量控制等的功能。

3. 路由器的工作原理

路由器利用网络寻址功能在网络中确定一条最佳的路径。IP 地址的网络部分确定分组的目标网络，并通过 IP 地址的主机部分和设备的 MAC 地址确定到目标节点的连接。

路由器的某一个接口接收到一个数据包时，会查看其中的目标网络地址以判断该包的目的地址在当前的路由表中是否存在（即路由器是否知道到达目标网络的路径）。如果发现包的目标地址与本路由器的某个接口所连接的网络地址相同，那么马上将数据转发到相应接口；如果发现包的目标地址不是自己的直联网段，路由器会查看自己的路由表，查找包的目的网络所对应的接口，并从相应的接口转发出去；如果路由表中记录的网络地址与包的目标地址不匹配，则根据路由器配置转发到默认接口，在没有配置默认接口的情况下会给用户返回目标地址不可达的 ICMP 信息。

简单地说，交换机工作在第二层，主要针对 MAC 地址进行学习、转发、过滤等。而路由器工作在第三层（即网络层），它比交换机要"聪明"一些，能理解数据中的 IP 地址。如果它接收到一个数据包，就检查其中的 IP 地址，如果目标地址是本地网络的就不予理会，如果是其他网络的，就将数据包从本地网络转发出。因此，路由器的每个端口所连接的网络都独自构成一个广播域。如图 3-28 所示，如果各网段都是共享式局域网，则每个网段都构成一个独立的冲突域。

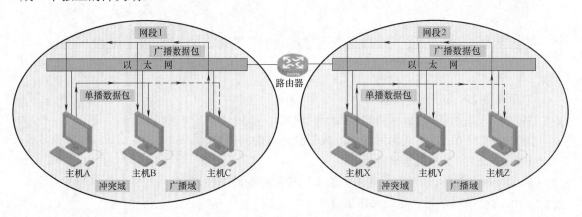

图 3-28　路由器连接的网络

4. 路由器工作工程

路由工作过程如下：

1）路由发现：学习路由的过程，动态路由通常由路由器自己完成，静态路由需要手工配置。

2）路由转发：路由学习之后会按照更新的路由表进行数据转发。

3）路由维护：路由器通过定期与网络中的其他路由器进行通信来了解网络拓扑变化，以便更新路由表。

4）路由器记录了接口所直联的网络 ID，称为直联路由，路由器可以自动学习直连路由，而不需要配置。

5）路由器所识别的逻辑地址的协议必须被路由器所支持。

3.3.6 网关

网关（Gateway）又称为网间连接器、协议转换器。网关在网络层以上实现网络互联，是一种复杂的网络互联设备，仅用于两个高层协议不同的网络互联。网关既可以用于广域网互联，也可以用于局域网互联。网关是一种担负转换重任的计算机系统或设备，使用在不同的通信协议、数据格式或语言，甚至体系结构完全不同的两种系统之间。网关也是一个翻译器，与网桥只是简单地传达信息不同，网关对收到的信息要重新打包，以适应目的系统的需求。根据网关的功能，可将网关分成协议网关、应用网关和安全网关。

简单地说，从一个房间走到另一个房间，必然要经过一扇门。同样，从一个网络向另一个网络发送信息，也必须经过一道"关口"，这道关口就是网关。顾名思义，网关就是一个网络连接到另一个网络的"关口"，也就是网络关卡。

关于网关的概念，下面举一个例子来进行说明，这样读者就会很容易理解。

假设你的名字叫"小不点"，你住在一个大院子里，你有很多小伙伴，家长是你的网关。当你想跟院子里的某个小伙伴玩时，只要你在院子里大喊一声他的名字，他听到了就会回应你，并且跑出来跟你玩。

但是你的家长不允许你走出大门，你想与外界发生的一切联系，都必须由家长（网关）用电话帮助你联系。假如你想找你的同学小明聊天，小明家住在很远的另外一个院子里，他家里也有家长（小明的网关）。但是你不知道小明家的电话号码，不过你的班主任老师有一份你们班全体同学的名单和电话号码对照表，你的老师就是你的 DNS 服务器。于是你在家里和家长有了下面的对话：

小不点：妈妈（或爸爸），我想找班主任查一下小明的电话号码。

家长：好，你等着。（接着你家长给你的班主任拨了一个电话，问清楚了小明的电话）问到了，他家的号码是 211.99.99.99。

小不点：太好了！妈（或爸），我想找小明，你再帮我联系一下小明吧。

家长：没问题。（接着家长向电话局发出了接通小明家电话的请求，最后一关当然是被转接到了小明的家长那里，然后小明的家长再把电话转给小明）

就这样你和小明取得了联系，过程如图 3-29 所示。

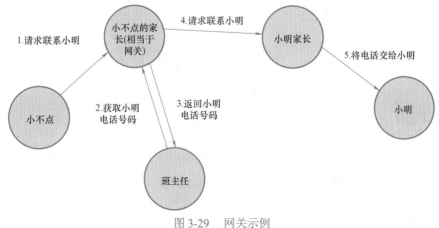

图 3-29　网关示例

本章小结

本章主要介绍了网络传输介质以及常用的通信设备。传输介质是决定通信网络运行性能的重要因素。在不同的地理环境、应用场景下，需要选择不同的传输介质。例如，光纤适合于远距离传输，其抗干扰性好，信号衰减小，但建设和维护成本高；双绞线组网方便，维护简单，但信号传输距离短，多用于局域网建设；微波和卫星等无线通信手段可以有效地解决山地、河流等复杂地理环境下的网络建设，然而无线信号却易受天气、地形等外在环境的影响。

网络通信除了要有通信介质外，还需要有通信设备的支持。本章着重介绍了工作在不同层次的网络互联设备的功能特性和应用场合，以及各种设备的差异。常见的通信设备有网卡、集线器、网桥、交换机、路由器、网关等。网卡工作在物理层和数据链路层，完成两层的功能。集线器工作在物理层，属于一种特殊的中继器，提供多端口服务，采用广播模式的工作方式，所有端口为同一条带宽。

交换机分成二层交换机、三层交换机和四层交换机。其中，二层交换机工作在数据链路层；三层交换机通过硬件技术，将二层交换机和路由器在网络中的功能集成到一个盒子里，即合二为一的新交换技术，可实现 IP 路由功能，从而提高路由过程中的效率，加强帧的转发能力；四层交换机不仅完全具备三层交换机的所有交换功能和性能，还能支持三层交换机不可能拥有的网络流量和服务质量控制的智能型功能。

无论是集线器，还是网桥、交换机，只能完成局域网互联，即网络中的主机都处在同一个网段。当需要将不同网段的设备互联起来时，就必须借助于路由器。路由器属于 OSI 模型的第三层——网络层，指导从一个网段到另一个网段的数据传输，也能指导从一种网络向另一种网络的数据传输。

网关即协议路由器，用于实现不同协议网络之间的转换，工作在 OSI 模型中的应用层。根据网关的功能，可将网关分成协议网关、应用网关和安全网关。

思考与练习

一、选择题

1. 宽带同轴电缆是_____Ω 电缆。
A. 50　　　　　B. 65　　　　　C. 70　　　　　D. 75

2. 基带同轴电缆是_____Ω 电缆。
A. 50　　　　　B. 65　　　　　C. 70　　　　　D. 75

3. 下列_____不是无线传输介质。
A. 无线电波　　B. 卫星　　　　C. 光纤　　　　D. 红外线

4. 在下列几种传输介质中，抗电磁干扰最强的是_____。
A. UTP　　　　B. STP　　　　C. 同轴电缆　　D. 光纤

5. 在下列几种传输介质中，相对价格最低的是_____。
A. UTP　　　　B. STP　　　　C. 同轴电缆　　D. 光纤

6. 网卡工作在 OSI 模型中的_____。

A. 物理层 B. 数据链路层

C. 物理层和数据链路层 D. 数据链路层和网络层

7. 下列网络设备中，工作在数据链路层的是_____。

A. 中继器 B. 网关 C. 集线器 D. 网桥

8. 以太网交换机根据_____转发数据包。

A. IP 地址 B. MAC 地址 C. LLC 地址 D. PorT 地址

9. 路由器的路由表中不包含_____。

A. 源网络地址 B. 目的网络地址

C. 发送的物理端口 D. 路由优先级

10. 下列网络设备中，工作在网络层的是_____。

A. 网桥 B. 网关 C. 集线器 D. 路由器

二、简答题

1. 常见的有线传输介质有哪些？各自的特点是什么？

2. 常见的无线传输介质有哪些？各有何特点？

3. 请简要说明网卡的功能。

4. 请简要说明交换机的工作原理。

5. 请说明集线器、交换机、路由器、网桥的区别。

6. 什么是路由器？它的主要功能是什么？

7. 网桥和中继器有什么区别？

8. 网桥和交换机是第几层的网络设备？它们有什么区别？

第4章
计算机局域网

随着计算机网络技术的不断发展，局域网的使用也日趋频繁，人们在工作和生活中都需要使用局域网。本章将对局域网的概念、特点、分类、IEEE 802 标准和各种局域网技术进行介绍，并讨论 IP 地址、子网掩码和子网划分等内容。

4.1 局域网概述

4.1.1 局域网的概念

局域网（Local Area Network，LAN）指在短距离范围内将各种通信设备互联在一起的通信网络。局域网主要由计算机、网络连接设备和传输介质按照某种网络结构连接而成，以实现短距离范围内数据通信、共享软硬件资源的目的。局域网是 20 世纪 70 年代后发展起来的计算机网络，它的应用范围非常广泛，涵盖了共享访问技术、交换技术、高速共享网络技术等多种技术。在众多类型的计算机网络中，局域网技术发展非常迅速，应用最为普遍。

4.1.2 局域网的特点

1. 覆盖范围小

局域网的分布地区范围有限，覆盖的范围一般在方圆几千米之内，可以覆盖一个办公室、一层楼、一栋楼或一个企事业单位。局域网通常为一个单位或机构所拥有，不涉及远程传输的问题。

2. 数据传输速率高、传输延时和误码率低

局域网的数据传输速率一般不小于 10Mbit/s，最快可达 10Gbit/s，可以快速交换各类数字、语音、图像、视频等信息。局域网采用短距离的基带传输数据，具有较好的传输质量，传输延时和误码率比较低。

3. 协议简单

局域网多采用总线型、环形和星形等共享信道拓扑结构，网内一般不需要中间转接，大大简化了流量控制和路由选择功能，通信处理功能被固化在网卡上。

4. 易于安装、组建和维护

局域网具有较好的灵活性和易扩展性，节点增删容易，允许不同速率的外设、不同型号的计算机及网络产品的接入。

4.1.3 局域网的分类

1. 按组网方式分类

按照网络中计算机之间的地位和关系的不同，局域网可分为对等网、专用服务器局域网和客户机 / 服务器局域网。

（1）对等网　对等网（Peer-to-Peer）是局域网最简单的形式之一，对等网中没有专

用的服务器（Sever），对等网中计算机的地位平等，既可以充当服务器，也可充当客户机（Client）。在对等网中，每台计算机既可以向别的计算机提供共享文件、共享打印等服务，可以享受其他计算机提供的服务。在对等网中，每台计算机的用户自主决定哪些资源共享以及共享权限设置。对等局域网具有组建与维护容易、结构简单、构建成本低等优点，但也存在其文件存储分散、数据保密性较差，不易升级等缺点。

（2）专用服务器局域网　专用服务器局域网（Server-Based）是一种主从结构的局域网，是由若干台工作站及一台或多台文件服务器通过通信线路连接起来的局域网。该结构局域网中的工作站可以共享服务器提供的存储设备以及按权限存取服务器内的文件和数据。服务器作为整个网络的核心，除了向客户机提供文件共享、打印共享等服务之外，还具有账号管理、安全管理等功能。专用服务器局域网中的工作站之间不能直接通信及共享软硬件资源。随着服务器用户数量、用户服务程序的不断增多，服务器的压力不断增大，用户体验也随之变差。为了提高网络工作效率，提升用户体验，产生了客户机 / 服务器模式。

（3）客户机 / 服务器局域网　在客户机 / 服务器局域网（Client/Server）中，由一台或多台专用服务器来管理和控制网络的运行，其中的一台或几台称为服务器的较大计算机进行数据共享管理，其他应用处理工作分散到网络中的其他客户机去完成。与专用服务器局域网不同的是客户机 / 服务器局域网中的客户机之间可以相互访问，服务器负担相对较轻，工作站的资源得到充分利用，网络的整体工作效率得到提高。该类型局域网适用于计算机数量多、位置分散、信息量较大的单位。

2. 按介质访问控制方法分类

介质访问控制方法是指将传输介质的频带有效分配给网络中的各个节点，提高网络工作效率和可靠性的方法。该方法主要研究如何使网络中的众多用户能够合理、方便地共享通信介质资源，实现对网络传输信道的合理分配。介质访问控制方法是局域网中最重要的一项技术，对局域网体系结构、网络性能、工作过程等方面能产生决定性影响。

将局域网按照介质访问控制方法进行分类，最常见的是以太网和令牌网。

（1）以太网　以太网采用载波监听多路访问 / 冲突检测介质访问控制方法，通过"监听"和"重传"来解决数据发送和接收中的冲突问题。

（2）令牌网　令牌网采用"令牌"来让各个节点获得数据发送权，避免数据传输的冲突。

3. 按网络传输技术分类

按网络传输技术的不同，局域网可以划分为基带局域网和宽带局域网。

（1）基带局域网　基带局域网是采用数字信号基带传输技术的局域网，基带信号占据了传输线路的整个频率范围，并且信号具有双向传输的特征。

（2）宽带局域网　宽带局域网是采用模拟信号频带传输技术的局域网，通过频分多路复用技术，使得一条信道可同时传输多路模拟信号。由于宽带传输是单向的，因此宽带局域网中的信号只能沿某个方向进行传输。

4.2　局域网介质访问控制方法

4.2.1　局域网标准

电气电子工程师协会（IEEE）下设的 IEEE 802 委员会根据局域网介质访问控制方法适

用的传输介质、拓扑结构、性能及实现难易等因素，为局域网制定了一系列的标准，称为
IEEE 802 标准，其主要内容见表 4-1。

表 4-1　IEEE 802 标准主要内容

IEEE 802 标准	内　　容
IEEE 802.1	局域网体系结构、寻址、网络管理与互联
IEEE 802.2	逻辑链路控制子层（LLC）的定义
IEEE 802.3	以太网介质访问控制协议（CSMA/CD）及物理层技术规范
IEEE 802.4	令牌总线网（Token-Bus）的介质访问控制协议及物理层技术规范
IEEE 802.5	令牌环网（Token-Ring）的介质访问控制协议及物理层技术规范
IEEE 802.6	城域网介质访问控制协议——DQDB（Distributed Queue Dual Bus，分布式队列双总线）及物理层技术规范
IEEE 802.7	宽带技术咨询
IEEE 802.8	光纤技术咨询
IEEE 802.9	综合声音数据的局域网（IVD LAN）介质访问控制协议及物理层技术规范
IEEE 802.10	网络互操作的认证和加密方法
IEEE 802.11	无线局域网（WLAN）的介质访问控制协议及物理层技术规范
IEEE 802.12	需求优先的介质访问控制协议
IEEE 802.14	采用线缆调制解调器（Cable Modem）的交互式电视介质访问控制协议及网络层技术规范
IEEE 802.15	近距离个人无线网络技术规范
IEEE 802.16	宽带无线访问标准
IEEE 802.17	单性分组环网访问控制协议及有关标准
IEEE 802.18	无线管制（Radio Regulatory）技术规范
IEEE 802.19	多重虚拟局域网共存（Coexistence）技术规范
IEEE 802.20	移动宽带无线接入（Mobile Broadband Wireless Access，MBWA）技术规范
IEEE 802.21	媒介无关切换（Media Independent Handover）技术规范
IEEE 802.22	无线区域网（Wireless Regional Area Network）技术规范
IEEE 802.23	紧急服务工作组（Emergency Service Work Group）

　　IEEE 802 标准中对局域网的介质访问控制方法进行了定义与规范，接下来的三小节将
主要对载波侦听多路访问 / 冲突检测（CSMA/CD）、令牌环和令牌总线这三种常用的介质访
问控制方法做详细的介绍。

4.2.2　载波侦听多路访问 / 冲突检测

　　载波侦听多路访问 / 冲突检测（CSMA/CD）是采用争用技术的一种介质访问控制方法。
CSMA/CD 通常用于总线型拓扑结构和星形拓扑结构的局域网中。

　　所谓载波侦听（Carrier Sense），指的是网络上的各个节点在发送数据前要确认总线上有
没有数据传输。若有数据传输（称总线为忙），则暂时不发送数据，等待信道空闲再发送；
若无数据传输（称总线为空），则立即发送准备好的数据。

　　所谓多路访问（Multiple Access），指的是网络上的所有节点收发数据时共同使用同一条
总线，且发送数据是广播式的。

　　若网络上有两个或两个以上的节点同时发送数据，在总线上就会产生信号的叠加，这
时，总线上传输的信号就会发生严重的失真，节点无法识别出数据信息。这种情况称为数据
冲突（Collision），又称为碰撞。

为了减少冲突发生后的影响，节点在发送数据过程中还要不停地检测自己发送的数据，查看有没有在传输过程中与其他节点的数据发生冲突，这就是冲突检测（Collision Detected）。

1. CSMA/CD 工作过程

CSMA/CD 发送数据流程图如图 4-1 所示，具体过程包含以下四个部分内容：

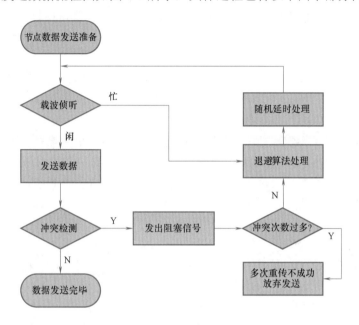

图 4-1　CSMA/CD 发送数据流程图

（1）载波侦听　当一个节点想要发送数据的时候，首先要进行载波侦听，查看总线上是否有其他节点正在传输数据，即侦听信道是否空闲。

（2）数据发送　如果信道忙，则进入退避算法处理程序，进而进一步反复进行侦听工作；如果信道空闲，则节点按照一定的 CSMA 算法原则进行数据发送。第一种算法是非 - 坚持 CSMA，处理过程是若信道空闲，则立即发送。若信道忙，则继续侦听，直至检测到信道是空闲的，立即发送。如果有冲突，则等待一段时间，重复前面的步骤。第二种算法是 1- 坚持 CSMA，处理过程是若信道忙，则不侦听，隔一段时间后再侦听。若信道空闲，则立即发送。由于在信道忙时放弃侦听，因此减少了再次冲突的机会，但会使网络的平均延迟时间增加。第三种算法是 P- 坚持 CSMA，处理过程是若信道空闲，则以 P 的概率发送，并以 $1-P$ 的概率延迟一个时间单位再侦听。一个时间单位通常等于最大传播时延的两倍。若信道忙，则继续侦听直至信道空闲并重复前面步骤。

（3）冲突检测　在发送数据的同时，节点继续侦听网络，确保没有其他节点传输数据时才继续传输数据。因为有可能两个或多个节点同时检测到网络空闲，然后几乎在同一时刻开始传输数据。如果两个或多个节点同时发送数据，就会产生冲突。若无冲突则继续发送，直到数据发送完毕。

（4）冲突处理　若有冲突，则立即停止发送数据。若在侦听中发现线路忙，则等待一个延时后再次侦听。若仍然忙，则继续延迟等待，一直到可以发送为止。每次延时的时间不一致，由退避算法确定延时时间。若发送过程中发现数据冲突，则发送一个加强冲突的阻塞信号，以便使网络上的所有节点都知道网络上发生了冲突，然后进入退避算法处理程序，等待一个预定的随机时间，且在总线为空闲时，再重新发送未发送完的数据。

2. 截断二进制指数退避算法

以太网使用截断二进制指数退避（Truncated Binary Exponential Back Off）算法来解决冲突问题。这种算法让发生冲突的节点在停止发送数据后，不是等待信道变为空闲后立即发送数据，而是推迟（也称为退避）一个随机的时间。这样做是为了使重传时再次发生冲突的概率减小。具体的退避算法如下：

1）确定基本退避时间，一般为端到端数据传输时延的两倍，也就是争用期，设为 2t。在以太网中，2t 取值为 51.2μs。对于 10Mbit/s 以太网，在争用期内可发送 512bit，即 64 字节数据。

2）为了检测冲突，在每个节点的网络接口单元中设置相应电路，当有冲突发生时，该站点延迟一个随机时间（2t× 随机数 r），再重新侦听。与延迟相应的随机数 r 的范围 $0 \sim M$，$M=2k$，其中 k 为重传次数，当重传次数不超过 10 时，参数 k 等于重传次数；但当重传次数超过 10 时，k 就不再增大，而一直等于 10。

3）重传并不是无休止地进行，当重传达 16 次仍不能成功时就丢弃该帧，传输失败，并且报告给高层协议。

若连续多次发生冲突，就表明可能有较多的节点参与争用信道。但使用上述退避算法可使重传需要推迟的平均时间随重传次数而增大（这也称为动态退避），因而减小发生碰撞的概率，有利于整个系统的稳定。

总之，CSMA/CD 采用的是一种"有空就发"的竞争型访问策略，因而不可避免地会出现信道空闲时多个节点同时争发的现象，无法完全消除冲突，只能采取一些措施减少冲突，并对产生的冲突进行处理。因此采用这种协议的局域网环境适用于对实时性要求不高的网络应用。

4.2.3 令牌环访问控制方式

令牌环是一种适用于环形网络的分布式介质访问控制方式，其访问控制过程如图 4-2 所示。

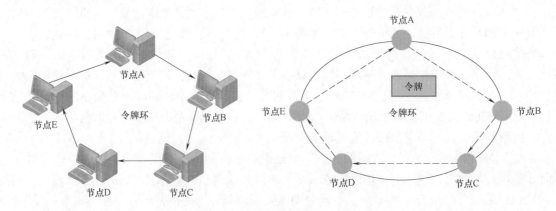

图 4-2　令牌环访问控制过程

在令牌环网络中使用一个称为"令牌（Token）"的控制标志，令牌是一个二进制数的特殊帧，本身并不包含信息，仅控制信道的使用，有"忙"和"空闲"两种状态。具有广播特性的令牌环访问控制方式，还能使多个节点接收同一个信息帧，同时具有对发送节点自动应答的功能。

当环线上的各个节点都空闲的时候，令牌也以"空闲"的状态沿着环线依次地进行传递。希望传送数据的节点需要检测并取得"空闲"令牌，进一步地将令牌的控制标志从"空闲"状态改为"忙"状态，并将信息帧附带在令牌帧后面一起发送，信息帧中含源地址、目的地址和要发送的数据。

其他的节点随时检测经过本站的帧，当发送的帧的目的地址与本节点的地址相符时，就接收该帧，待复制完毕再转发此帧，直到该帧沿环一周返回发送节点，并收到接收节点指向发送节点的肯定应答信息时，才将发送的帧信息进行清除，并将令牌标志改为"空闲"状态，继续插入环中。当另一个新的工作节点需要发送数据时，按前述过程检测到令牌，修改状态，把信息装配成帧，进行新一轮的发送。

令牌环的主要优点是节点必须在取得令牌后才能传输数据，因此不会出现冲突。它的主要缺点有两个：一个是在轻负载的情况下，由于传输数据前必须等待一个空令牌的到来，这样会使得传输效率变低；另一个是需要对令牌进行维护，一旦令牌丢失，环形网便不能再运行，所以在环路上要设置一个节点作为环上的监控节点，来保证环上有且仅有一个令牌。

4.2.4 令牌总线访问控制方式

令牌总线（Token Bus）协议是在总线拓扑结构中利用"令牌（Token）"作为控制节点访问公共传输介质的确定型介质访问控制方法。它把总线上的各节点看成一个逻辑环，每个节点都有前继节点和后继节点，并知道它们的地址，令牌传递的顺序就是从前继节点到后继节点，形成一个逻辑环，与节点的物理位置无关，如图 4-3 所示。

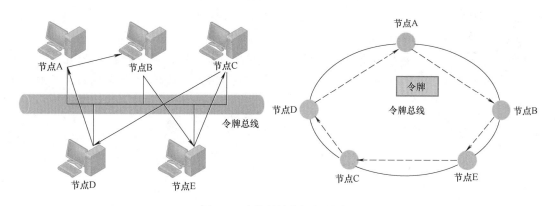

图 4-3　令牌总线访问控制过程

在图中，设 A 的前继节点是 D，后继节点是 B，B 的前继节点是 A，后继节点是 E，如此形成一个逻辑环，令牌按照 A → B → E → C → D → A 的环方向顺序传递。只要实现了逻辑环的初始化，整个过程就和令牌环相似，节点发送前必须获得令牌，整个网络上只有一个令牌，获得令牌的节点可以发数据帧。

在令牌总线访问控制中，信息是双向传递的，每一个节点都可以"听到"其他节点发出的信息，所以令牌在传递时都要加上目的地址，明确指出一个控制节点。当某个节点完成工作后，它会将令牌传递给逻辑序列中的下一个节点。从逻辑上看，令牌是按地址的递减顺序传送给下一个节点的。但从物理上看，带有目的地址的令牌帧是通过广播的方式传送到总线上所有的节点，当目的节点识别出符合它的地址时，将接收该令牌帧。

令牌总线访问控制方式的特点：令牌总线局域网在物理上是一个总线网，而在逻辑上却是一个令牌网，这样，令牌总线网既具有总线网的"接入方便"和"可靠性较高"的优点，也具有令牌环形网的"无冲突"和"发送时延有确定的上限值"的优点，不过环的初始化复杂。每当新节点加入或节点出现故障时，则必须重新初始化。

4.3 以太网组网技术

4.3.1 传统以太网

以太网（Ethernet）于20世纪70年代由美国施乐公司创建，是最早使用的局域网，也是目前局域网通用的通信协议标准。以太网主要技术规范见表4-2。

表4-2 以太网主要技术规范

拓扑结构	介质访问方法	传输速率	最大传输距离	最大工作站数	传输类型	传输介质
逻辑拓扑结构为总线型，物理拓扑结构为总线型和星形	带冲突检测的载波监听多路访问（CSMA/CD）	10Mbit/s	2.5km（使用中继器）	1024个	帧交换	粗缆、细缆、双绞线、光纤

传统以太网就是通常所说的10Mbit/s以太网，虽然现在早已进入了千兆、万兆以太网时代，但是它们的基本工作原理都是从传统以太网发展而来的。因此，学习传统以太网工作原理仍然是学习其他新型网络技术的基础。IEEE 802.3规定了粗缆以太网（10Base-5）、细缆以太网（10Base-2）、双绞线以太网（10Base-T）、光以太网（10Base-F）四种规范。

1. 粗缆以太网（10Base-5）

粗缆以太网又称为标准以太网，是最早的以太网产品。粗缆以太网采用RG-11粗同轴电缆为传输介质，网络中的每个节点都通过网卡、收发器电缆和收发器与总线相连。粗缆以太网的结构如图4-4所示。

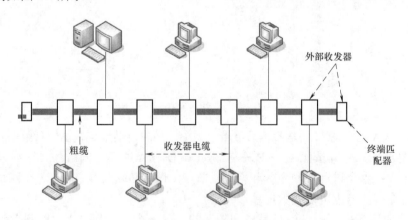

图4-4 粗缆以太网结构

10Base-5中的10表示信号传输的速率为10Mbit/s，Base表示电缆上的信号为基带信号，5表示每一段电缆的最大长度为500m。信号在沿电缆传输时会随着传输距离的增加而衰减，如果信号要传输到比较远的距离，需用中间转接设备将信号放大整形后再转发出去。

粗缆以太网的优点是抗干扰能力强，可靠性高，适用于恶劣环境；缺点是对网络中的工作站要求配收发器和收发电缆，网络投资大。粗缆以太网的标准规范见表4-3。

表 4-3　粗缆以太网的标准规范

传输介质	最大网络节点数	每段最大节点数	最大网段数	节点间最小距离	工作站到收发器的最大距离	最大网段长度	最大网络长度
RG-11 型 50Ω 粗同轴电缆	300 个	100 个	5 个（最多 4 个中继器）	2.5m	50m	500m	2500m

2. 细缆以太网（10Base-2）

细缆以太网是作为粗缆以太网的一种替代方案而提出的，布线方案与粗缆以太网一致。细缆以太网中的传输介质采用 RG-58 型细同轴电缆、BNC-T 型连接器，收发器功能被集成到网卡上。细缆以太网一般适用于实验室、网吧等小规模网络。

细缆以太网具有造价低廉、网络组建简单，性价比较粗缆以太网高等方面的优点。同时，由于细缆以太网中存在多个连接点，因此存在电缆连接故障率较高且不易查找维护的缺点。细缆以太网的标准规范见表4-4。

表 4-4　细缆以太网的标准规范

传输介质	最大网络节点数	每段最大节点数	最大网段数	节点间最小距离	工作站到收发器的最大距离	最大网段长度	最大网络长度
RG-58 型 50Ω 细同轴电缆	90 个	30 个	5 个（最多 4 个中继器）	0.5m	50m	185m	925m

3. 双绞线以太网（10Base-T）

双绞线以太网（10Base-T）标准在 1990 年由 IEEE 发布，编号为 IEEE 802.3i。其在拓扑结构上采用总线形和星形相结合的结构，这种设计使得局域网中的所有节点都连接到一个称为集线器（Hub）的单元上。其结构如图 4-5 所示。

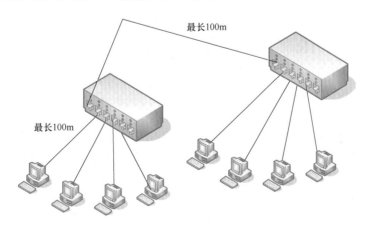

图 4-5　双绞线以太网结构

双绞线以太网的硬件配置主要有集线器、非屏蔽双绞线、网卡、RJ-45 接头。其中，集线器是双绞线以太网星形拓扑结构中的中心连接设备，一般集线器都是有源的。

双绞线以太网一出现就收到了人们的青睐与瞩目，并得到了广泛的应用。其具有成本低、易扩展、构建网络灵活方便、管理使用简单等优点。由于双绞线以太网是一种共享介质的网络，随着网络节点增加，网络性能会急剧下降，具有网络中央节点负荷过重、通信线路利用率低、抗干扰能力弱等缺点。双绞线以太网的标准规范见表 4-5。

表 4-5　双绞线以太网的标准规范

拓扑结构	传输介质	最大网络节点数	每段最大节点数	级联最大集线器数量	最大网段长度	最大网络长度
逻辑上为总线型，物理上为星形的拓扑结构	五类或超五类非屏蔽双绞线	1024 个	1 个	4 个	100m	无

4. 光以太网（10Base-F）

1992 年，IEEE 802.3 批准了 10Base-F 标准，它基于光缆互联中继器链路规范，采用光缆链路拓展距离，其结构如图 4-6 所示。10Base-F 标准定义了 10BaseFL、10BaseFB、10BaseFP 和 FORIL 这 4 种不同的规范，10Base-F 使用双工光缆，一条光缆发送，一条光缆接收。10Base-F 早期用于大楼间的网络连接和长距离场合。

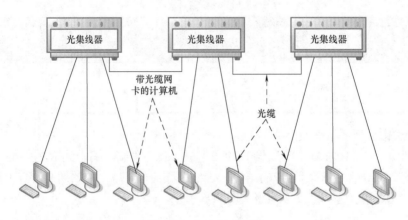

图 4-6　光以太网结构

传统 10Mbit/s 的以太网是具有划时代意义的，但是随着入网用户数量的不断增加，信息传输量越来越大，10Mbit/s 的传输速率已不能满足用户的需求，10Base 以太网也随之被更快速的网络标准所替代了。

4.3.2　高速局域网

随着信息技术的高速发展以及计算机网络的迅速普及，为了适应信息化高速发展的要求，局域网技术也得到了迅猛的发展。近年来，高速局域网技术已经成为计算机网络技术的热点。

1. 高速以太网

数据传输速率为 100Mbit/s 的以太网称为高速以太网，它是在传统以太网的基础上发展起来的，高速以太网沿用了传统以太网的带冲突检测的载波监听多路访问（CSMA/CD）技术，在高速运行环境下对该技术依据基础传输介质的特点做出了一定调整。1995 年，IEEE 委员会正式通过了 100Base-T 的 802.3u 标准，802.3u 标准包含快速以太网，有三种基本的实现方式：100Base-TX、100Base-FX 和 100Base-T4。

1）100Base-TX：使用两对五类 UTP 或两对一类 STP（屏蔽双绞线）。其中一对用于发送，另一对用于接收。100Base-TX 可以工作在全双工模式下，每个节点可以同时以 100Mbit/s 的速率发送与接收数据，网段长度为 100m。

2）100Base-FX：该方式主要用在高速主干网上，使用两芯多模或单模光纤，从节点到 Hub 的最大距离可以达到 2km。

3）100Base-T4：使用四对三类、四类、五类 UTP（非屏蔽双绞线）。其中，三对用于数据传输，一对用于冲突检测，网段长度 100m。

快速以太网具有较高的性能，适合网络节点数量多或是对网络带宽要求比较高的环境，与 10Base-T 有很好的兼容性，具有众多的厂商支持。由于快速以太网依然采用传统以太网的带冲突检测的载波监听多路访问（CSMA/CD）技术，网络延时比较大，当网络节点增加时，网络性能会下降，不适合实时性应用。

2. 千兆以太网（Gigabit Ethernet）

千兆以太网的数据传输速率达到 1000Mbit/s。1996 年 8 月和 1997 年初，IEEE 802.3 工作组分别建立了 802.3z 和 802.3ab 工作组，其任务是开发适应不同需求的千兆以太网标准。802.3z 工作组主要研究使用光纤与短距离屏蔽双绞线的 1000Base-X 标准，802.3ab 工作组主要研究长距离光纤与非屏蔽双绞线的 1000Base-T 标准。1000Base 有四种传输介质标准：1000Base-SX、1000Base-LX、1000Base-CX（用于配线间中心交换机的连接）、1000Base-T。1000Base 结构如图 4-7 所示。

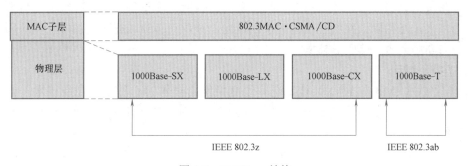

图 4-7　1000Base 结构

1）1000Base-SX：使用短波长激光为信号源，1000Base-SX 使用的光纤有 5μm 和 62.5μm 两种，只支持多模光纤，最长传输距离为 550m。

2）1000Base-LX：使用长波长激光源作为信号源，单模光纤和多模光纤都可以驱动，使用的光纤规格有 50μm 或 62.5μm 两种多模光纤以及 9μm 单模光纤。使用多模光纤时，最长传输距离可达 550m；使用单模光纤，最长传输距离可达 3km。

3）1000Base-CX：使用特殊规格的高质量平衡屏蔽双绞线作为传输介质，最长传输距离为 25m。

4）1000Base-T：使用超五类 UTP 作为传输介质，最长传输距离可以达到 100m。采用该技术可以实现从 100Mbit/s 以太网到 1000Mbit/s 以太网的平滑升级。

千兆以太网显著增加了网络带宽并且与 10Mbits/100Mbit/s 标准以太网兼容，能够最大化地利用已有设备、电缆布线等资源，受到众多厂商的支持。

3. 万兆以太网（10 Gigabit Ethernet）

随着网络应用的快速发展，高分辨率图像、高清视频等大量数据都需要在网络上传输，这对网络带宽的增长提出了新的需求，万兆以太网就是在这种情况下产生的。万兆以太网于2002 年 7 月由 IEEE 通过。万兆以太网包括 10GBase-X、10GBase-R、10GBase-W 以及基于铜缆的 10GBase-T 等。用于局域网的光纤万兆以太网规范有 10GBase-SR、10GBase-LR 和10GBase-ER。

1）10GBase-SR：10GBase-SR 中的"SR"是"Short Range"（短距离）的缩写，表示仅用于短距离连接万兆以太网。该规范支持的编码方式为 64B/66B 的短波（波长为 850nm）多模光纤（MMF），有效传输距离为 2 ～ 300m。

2）10GBase-LR：10GBase-LR 中的"LR"是"Long Range"（长距离）的缩写，表示主要用于长距离连接。该规范支持的编码方式为 64B/66B 的长波（1310nm）单模光纤（SMF），有效传输距离为 2m ～ 10km。

3）10GBase-ER：10GBase-ER 中的"ER"是"Extended Range"（超长距离）的缩写，表示连接距离可以非常长。该规范支持编码方式为 64B/66B 的超长波（1550nm）单模光纤（SMF），有效传输距离为 2m ～ 40km。

万兆以太网在设计之初就考虑城域骨干网的需求。首先，带宽 10Gbit/s 足够满足现阶段以及未来一段时间内城域骨干网的带宽需求，可以应对海量数据的高速传输要求。其次，万兆以太网的最长传输距离可达 40km，并且可以配合 10Gbit/s 传输通道使用，足以覆盖大多数城市城域网。万兆以太网兼容千兆以太网，可以在现有的网络设备上直接运行，有效地节约用户在链路上的投资，并保持以太网一贯的兼容性、简单易用和升级容易的特点。相信在不远的将来，万兆以太网将在校园网、城域网、企业网等领域得到更加广泛的应用，为更多用户带来高质量的网络服务体验。

4.3.3 虚拟局域网

虚拟局域网（Virtual LAN）技术是基于交换网络技术的一种新的高层技术。虚拟局域网并不是一种新型局域网，它是为用户提供的一种服务，它的出现使网络的结构和功能提高到一个新的层次。

虚拟局域网在功能和操作上与传统局域网基本相同，与传统局域网所不同的是组网方法。虚拟网络是把网络中的用户按性质或需要分成若干个逻辑工作组，一个逻辑工作组就可以看成是一个虚拟网络，虚拟网络是用软件来实现划分和管理的。同一逻辑工作组的用户不受物理网段的位置限制，组中成员不一定要在同一网段上。虚拟局域网的节点可以位于不同物理段上，但是它们之间的通信就像在局域网中一样，不受节点所在物理位置的影响和束缚。当一个用户从一个网段移到另一个网段时，它仍然属于同一逻辑工作组（即同一个虚拟网络）内，无须人工进行重新配置。虚拟局域网结构如图 4-8 所示。

虚拟局域网的特点主要有：

1）虚拟局域网的覆盖范围与网络节点所在的地理位置无关。在一个支持 VLAN 的实际网络中，借助管理软件，可以方便地根据实际需要构建覆盖范围大小不等的虚拟局域网。

2）VLAN 充分体现了目前网络技术的高速、灵活、易扩展、管理方便等特点。应用

VLAN 技术既不增加设备的投资，又可提高网络性能，还能大大简化网络管理，提高整个网络运行效率。

3）虚拟局域网能够有效地防止网络广播风暴，比一般局域网具有更好的安全性。

4.3.4 无线局域网

随着网络技术的飞速发展，以及笔记本计算机等移动智能终端的迅速普及，人们对移动办公用网要求越来越高，而传统的有限局域网受到布线限制，网络中各

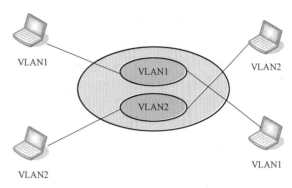

图 4-8 虚拟局域网结构

站点位置不可移动，这都给网络的维护和扩容带来很大不便，无线局域网（Wireless Local Area Network，WLAN）正是在这种背景需求下产生的。无线局域网是一种利用无线通信技术在一定局部范围内建立的网络，相比传统有线局域网，无线局域网采用的传输媒体不是双绞线或者光纤，而是红外线或无线电磁波。无线局域网是计算机网络与无线通信技术结合的产物，它是有线局域网的扩展和替换。无线局域网是在有线局域网的基础上通过无线路由器（Access Point，AP）、无线网卡等设备使无线通信得以实现。与传统的有线局域网相比，无线局域网具有一些独特的优势，见表 4-6。

表 4-6 有线局域网与无线局域网比较

比较项目	有线局域网	无线局域网
基础设备成本	成本较低	成本较高
持续成本	布线成本高，后续维护难度高	组建容易，设置容易，维护简单
移动性	很弱，网口一般限制在办公桌椅边，无法提供移动网络访问方式	很强，移动网络用户可在一定范围内自由选择用网地点
扩展性	较弱，扩展性取决于原网络布线所预留端口，在预留端口不够的情况下需要新增用户，就需要重新布线，扩展成本高	较强；只需在必要的情况下增加适配卡和接入点，即可实现扩充
安全性	比较安全	没有有线局域网安全性高，重要数据需要加密以增加安全性
传输速率	传输速率快且稳定	传输速率较有线局域网稍慢

相比有线局域网，无线局域网具有安装便捷、网络终端位置灵活可移动、故障定位容易、网络扩展维护成本低等优点。无线局域网在给用户带来便捷和实用的同时，也存在数据传输易受干扰、传输速率较低、数据安全性较差、容易被监听等方面的缺点。随着 5G 时代的到来，数据传输能力不断提升，无线局域网将以高速传输能力和灵活性在网络通信中发挥越来越重要的作用。

4.4 IP 地址与子网划分

4.4.1 IP 地址

1. 物理地址与 IP 地址

物理网络中的任何一个网络设备都必须有一个全网唯一的通信地址，这个通信地址称

为物理地址（Physical Address），有时也称为硬件地址、MAC（媒体访问控制）地址，通常由网络设备制造商直接固化在网卡的 EPROM 中。不同的物理网络具有不同的物理地址编码，以太网的物理地址采用 48 位二进制编码，可以用 12 个十六进制数表示一个物理地址，例如 00-FF-73-9B-64-93。

物理地址工作在 OSI 协议的数据链路层以下，仅限于直联设备间的数据传输。由于物理地址属于非层次化的地址，只能标识单个设备，无法标识该设备连接的是哪一个网络，并且不同物理网络的物理地址长短和格式各不相同，因此对于跨 Internet 的数据传输，物理地址无能为力。

Internet 采用一种全局通用的地址格式，为全网的每一个网络和每一台主机分配一个全球唯一的 Internet 地址，以此屏蔽物理网络地址的差异，这个地址就称为 IP 地址（又被称为网络地址）。IP 地址工作在网络层及网络层以上，该地址是随着设备所处网络位置的不同而变化的，即设备从一个网络移到另一个网络时，其 IP 地址也会相应地发生改变。也就是说，IP 地址是一种结构化的地址，可以提供关于主机所处的网络位置信息。全球的 IP 地址由 NIC（Network Information Center）统一分配，各个国家也需要成立相应的 IP 地址管理机构，我国的 IP 地址管理机构为中国互联网络信息中心（China Internet Network Information Center，CNNIC）。

2. IP 地址的组成及表示方法

目前使用最为广泛的 IP 地址版本为 IPv4。每一个 IP 地址都由 32 位二进制比特组成。同时为了方便寻址，将每个 32 位的 IP 地址分成两个部分：网络号和主机号（"网络号"的头几位为"地址类别"，通过"地址类别"可高效识别不同类别的 IP 地址）。IP 地址的结构如图4-9 所示。网络号标识了主机所连接的网络，一个网络号在整个互联网范围内必须是唯一的。主机号标识了该网络上特定的主机，主机号在它前面的网络号所指明的网络范围内必须是唯一的。

图 4-9   IP 地址的结构

由于 IP 地址是以 32 位二进制比特表示的，用户难以接受这种表现形式。为了便于用户阅读和理解 IP 地址，Internet 管理委员会采用了一种点分十进制表示方法来表示 IP 地址。具体做法为，将 32 位二进制比特中的每 8 位分为一组，用十进制表示，组与组之间用点号"."隔开，如图4-10 所示。点分十进制表示法把每一组都作为无符号整数进行处理。当组内的所有位都为 0 时，这组的最小值为 0；当组内的所有位都为 1 时，这组的最大值为 255。这样，IP 地址的范围为 0.0.0.0 ～ 255.255.255.255。

3. IP 地址的分类

Internet 上有众多不同的物理网络，不同的网络就具有不同的特性，例如，有的网络上有很多主机（大型网络），而有的网络上的主机则较少（小型网络）。为了适应大型、中型、小型网络

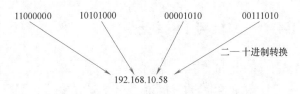

图 4-10   点分十进制的 IP 地址表示方法

IP 地址分配的需要，根据网络号和主机号的数量，可将 IP 地址空间划分为五类：A 类地址、B 类地址、C 地址、D 类地址、E 类地址。其中，A、B 和 C 类地址是常用的 IP 地址。五类 IP 地址的结构如图 4-11 所示。

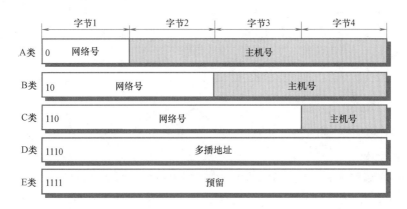

图 4-11　五类 IP 地址的结构

（1）A 类地址　A 类地址通常适用于大型网络。A 类地址有 8 位网络号，其中网络号的最高 1 位为"0"，用来表示地址类别，网络号的后 7 位用来标识网络号，主机号有 24 位。理论上，A 类地址的网络数量为 2^7（128）个，每个网络包含的主机数量为 2^{24}（16777216）个，A 类地址的范围为 0.0.0.0 ～ 127.255.255.255。由于网络号和主机号都不能全为"0"或全为"1"（网络号和主机号全"0"或全"1"有特殊用途，将在特殊 IP 地址中进行介绍），实际上，A 类地址有效的网络数量为 126（2^7-2）个，每个网络包含的主机数量为 16777214（$2^{24}-2$）个，A 类地址的有效范围为 1.0.0.0 ～ 126.255.255.254。

（2）B 类地址　B 类地址通常适用于中等规模的网络。B 类地址有 16 位网络号，其中网络号的最高 2 位为"10"，用来表示地址类别，网络号的后 14 位用来标识网络号，主机号有 16 位。B 类地址的实际有效网络数量为 16383（$2^{14}-1$）个，每个网络包含的主机数量为 65534（$2^{16}-2$）个，有效范围为 128.1.0.1 ～ 191.255.255.254。

（3）C 类地址　C 类地址通常适用于小型网络。C 类地址有 24 位网络号，其中网络号的最高 3 位为"110"，用来表示地址类别，网络号的后 21 位用来标识网络号，主机号有 8 位。C 类地址的实际有效网络数量为 2097151（$2^{21}-1$）个，每个网络包含的主机数量为 254（2^8-2）个，有效范围为 192.0.1.1 ～ 223.255.255.254。

（4）D 类地址　D 类地址即多播地址，用于将数据发送给一组主机。D 类地址不分网络号和主机号，最高 4 位为"1110"。每一个 D 类 IP 地址用来标识一个 IP 地址组，当把一个数据包发送给一个 D 类 IP 地址时，在这个 IP 组内的所有主机都能收到这个数据包。D 类 IP 地址的范围为 224.0.0.0 ～ 239.255.255.255。

（5）E 类地址　E 类地址为保留地址，主要用于搜索、Internet 的实验和开发。E 类地址不分网络号和主机号，前 4 位固定为"1111"，有效地址范围为 240.0.0.0 ～ 255.255.255.255。

4. 特殊 IP 地址

前文在计算每一类 IP 地址有效的网络数和主机数时，都在相应的理论值后面减去 2 或者 1，这是由于在 IP 地址空间中，凡是网络号或主机号取值为全"0"或全"1"的地址都具有特殊的用途，并且不允许作为主机地址使用，这些特殊的 IP 地址及用途见表 4-7。

表 4-7 特殊 IP 地址及用途

网络号	主机号	地址类型	用 途
Any	全 "0"	网络地址	192.168.1.0/24 代表一个网段
Any	全 "1"	子网广播地址	192.168.1.255/24 特定网段的所有节点
127	any	回环地址	回环测试 127.0.0.1
全 "0"		所有网络	
全 "1"		广播地址	255.255.255.255 本网段所有节点

5. 私有 IP 地址

由于 IPv4 协议的限制，现在 IP 地址的数量是有限的，因此不能为网络中的每一台计算机分配一个公网 IP。局域网中的主机一般都使用私有 IP 地址，私有地址在公网上是不能被识别的，必须通过 NAT 将内部 IP 地址转换成公网上可用的 IP 地址，从而实现内部 IP 地址与外部公网的通信。公有地址是在广域网内使用的地址，但在局域网中同样也可以使用。除了私有地址以外的地址都是公有地址。

IETF 已经分配了具体的 A 类、B 类和 C 类私有 IP 地址范围：

A：10.0.0.0 ～ 10.255.255.255，即 10.0.0.0/8。

B：172.16.0.0 ～ 172.31.255.255，即 172.16.0.0/12。

C：192.168.0.0 ～ 192.168.255.255，即 192.168.0.0/16。

4.4.2 子网掩码和子网划分

两级的 IP 地址结构存在灵活性差和地址空间浪费等问题。例如某单位有两个部门，每个部门有 105 台主机，按照简单 IP 地址分类的方法，如果分别给两个部门申请两个 C 类地址网络，如 192.168.5.0 和 192.168.6.0，因为每个 C 类网络可容纳 254 台主机，那么每个网络中将有超过一半的 IP 地址被浪费。如果只申请一个 C 类地址网络，将两个部门的所有主机都集中到一个网络中，那么表面上解决了 IP 地址浪费的问题，但是这种网络缺乏灵活性，难以管理。

解决上述问题的方法是进行子网划分，这种方法既可以节约 IP 地址资源，又可以将网络分割成小网络，便于管理。所谓子网划分，是指从主机号借出一部分来作为子网络号，借以增加网络数目，与此同时，网络内的主机数目将会减少。引入子网机制以后，就需要用到子网掩码。下面对子网掩码和子网划分进行详细介绍。

1. 子网掩码

子网掩码由一个 32 位的二进制数组成，与 IP 地址一样采用点分十进制的表示方式。子网掩码不能单独存在，它必须结合 IP 地址一起使用。子网掩码的主要功能有两个：一是屏蔽 IP 地址的一部分以区别网络号和主机号，通过网络号可以判断该 IP 地址是在本地局域网上，还是在远程网上；二是将一个大的 IP 网络划分为若干小的子网络。子网掩码中的 "1" 对应于 IP 地址中的网络号，子网掩码中的 "0" 对应于 IP 地址中的主机号。为了避免发生错误，通常子网掩码中的 "1" 是连续的。根据子网掩码的定义可以得到 A、B、C 类地址的默认子网掩码，即：

A 类：255.0.0.0（11111111 00000000 00000000 00000000）。

B 类：255.255.0.0（11111111 11111111 00000000 00000000）。

C 类：255.255.255.0（11111111 11111111 11111111 00000000）。

一个 IP 地址的子网掩码如果是默认值，则说明该网络没有划分子网；如果一个 IP 地址的子网掩码不是默认值，则说明该网络划分了子网。例如，一个 A 类 IP 地址 18.12.9.7 的子网掩码为 255.0.0.0，说明该网络没有子网。一个 B 类 IP 地址 141.14.72.24 的子网掩码为 255.255.192.0，说明该网络已划分子网。

通过子网掩码如何获取 IP 地址中的网络号和主机号呢？具体方法为将 32 位的子网掩码与 IP 地址进行二进制形式的按位逻辑"与"（AND）运算，得到的便是网络号；将子网掩码的二进制按位取反后再与 IP 地址进行二进制的逻辑"与"运算，得到的就是主机号。例如，192.168.15.12 AND 255.255.255.0，结果为 192.168.15.0，其表达的含义为该 IP 地址属于 192.168.15.0 这个网络，其主机号为 12。

2. 子网划分和子网掩码的确定

将网络划分成几个子网后，增加了网络的层次，形成一个三层的结构，包括网络号、子网号和主机号。其中，子网号是从 IP 地址的主机号中借用的部分二进制位，借用位数的多少由子网数目决定。子网划分及确定子网掩码的具体步骤如下：

1）确定要划分网络中的子网数量，将其转换为二进制数，并确定位数 n。例如，某单位需要六个子网，其二进制值为 110，共三位，即 $n=3$。

2）按照 IP 地址的类型写出其默认的子网掩码。如某单位的 IP 地址是 C 类地址，则默认子网掩码为 11111111 11111111 11111111 00000000。

3）将子网掩码中与主机号的前 n 位对应的位置 1，其余位置 0。若 $n=3$，则 C 类地址状态下得到的子网掩码为 11111111 11111111 11111111 11100000，转换为十进制为 255.255.255.224。

4）确定每个子网的主机数量。由于网络被划分为六个子网，占用了主机号的前三位，则 C 类地址状态下，只能有五位二进制位来表示主机号，因此每个子网内的主机数量为 30（2^5-2）台。

下面通过一个具体的例子来说明子网划分的过程。某单位有四个部门，每个部门都有 22 台主机，现申请到一个 C 类地址段——192.168.1.0/24，请按要求划分子网，以满足每个部门的要求，并将每个子网的网络号及有效主机范围写出来。

首先，将给定的 IP 地址写成二进制表示形式：11000000 10101000 00000001 xxxxxxxx。然后，通过子网数量确定 n，本例中有四个子网，因此 n 为 2，这就意味着需要在八位主机号中取出两位作为子网号，四个子网分别为 11000000 10101000 00000001 00xxxxxx、11000000 10101000 00000001 01xxxxxx、11000000 10101000 00000001 10xxxxxx、11000000 10101000 00000001 11xxxxxx。接着，将子网掩码中与主机号的前两位对应的位置 1，因为是 C 类地址，所以默认的子网掩码为 11111111 11111111 11111111 00000000，相应位置 1 后的子网掩码为 11111111 11111111 11111111 11000000，即 255.255.255.192。最后，确定每个子网的主机数量，剩余六位作为主机号，因此每个子网的主机数量为 62（2^6-2）台。网络地址和每个网络的有效 IP 地址范围见表 4-8。

表 4-8　网络地址和每个网络的有效 IP 地址范围

网络地址（子网掩码：255.255.255.192）	IP 地址范围
192.168.1.0	192.168.1.1 ～ 192.168.1.63
192.168.1.64	192.168.1.65 ～ 192.168.1.127
192.168.1.128	192.168.1.129 ～ 192.168.1.191
192.168.1.192	192.168.1.193 ～ 192.168.1.254

4.4.3　IP 地址分配方式与配置

目前，为网络中的计算机分配 IP 地址的方式主要有三种，分别为动态分配 IP 地址、自动专用 IP 寻址和静态分配 IP 地址。这三种方式适合于所有的 Windows 系统，但各自适合于不同的网络。因此，网络管理员需要根据网络规模和实际应用情况来决定使用哪种方式。

1. 动态分配 IP 地址

在 TCP/IP 的网络中，每一台计算机都必须至少有一个 IP 地址，才能与其他计算机连接通信。由于 IP 地址资源有限，为了提高 IP 利用率，一般采用 DHCP（Dynamic Host Configure Protocol，动态主机配置协议）的方式为网络中的计算机提供 IP 地址、子网掩码和默认网关等网络参数。这种方式也称为动态分配 IP 地址，适用于较大规模的网络或经常变动的网络。

DHCP 服务由 DHCP 服务器提供，每次计算机联网时都会向网络中的 DHCP 服务器申请 IP 地址，当 DHCP 服务器接收到请求后就会从 IP 地址池中临时分配一个尚未使用的地址给该计算机，由于每次申请时 IP 地址池中的 IP 资源可能不同，因此每次申请的 IP 地址可能会不同。当该计算机断开网络时，DHCP 服务器将此 IP 地址回收。基于 DHCP 服务器的动态 IP 地址分配方式能够有效地防止因手动配置错误而导致的网络通信故障。

在 Windows 系统中，当用户在"Internet 协议版本 4（TCP/IPv4）属性"对话框中选择"自动获得 IP 地址"和"自动获得 DNS 服务器地址"单选按钮时，即为采用动态分配 IP 地址的方式，如图 4-12 所示。

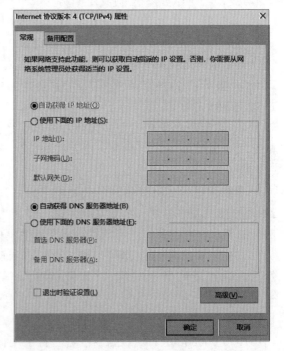

图 4-12　动态分配 IP 地址

2. 自动专用 IP 寻址

自动专用 IP 寻址方式（APIPA）是 Windows 系统提供的专用功能。当网络中没有配置 DHCP 服务器或者 DHCP 服务器发生故障，同时该计算机没有配置静态 IP 地址时，Windows 系统就会自动为该计算机分配一个范围在 169.254.0.1 ～ 169.254.255.254 的 IP 地址。使用 APIPA 分配的 IP 地址的计算机会定期尝试连接 DHCP 服务器，当成功连接到 DHCP 服务器并申请到 IP 地址以后，该计算机会自动更新 IP 地址。

3. 静态分配 IP 地址

静态分配 IP 地址是指给每一台计算机都分配一个固定的 IP 地址。该方式需要手动为计算机设置 IP 地址、子网掩码、默认网关和 DNS 服务器地址四项信息。IP 地址与子网掩码在前文已介绍，这里不再赘述。默认网关是本地网络中数据包转发到其他网络的关键节点，只有设置好默认网关的 IP 地址，才能实现不同网络间的相互通信。DNS（Domain Name Server，域名服务器）是进行域名（Domain Name）和与之相对应的 IP 地址（IP Address）转换的服务器。如果本地网络没有提供 DNS 服务，DNS 服务器的 IP 地址应当设置为互联网服务提供商（Internet Service Provider，ISP）的 DNS 服务器。如果本地网络内已提供 DNS 服务，DNS 服务器的 IP 地址就是内部 DNS 服务器的 IP 地址。

在 Windows 系统中，当用户在"Internet 协议版本 4（TCP/IPv4）属性"对话框中选择"使用下面的 IP 地址"和"使用下面的 DNS 服务器地址"单选按钮时，即为采用静态分配 IP 地址的方式，如图 4-13 所示。

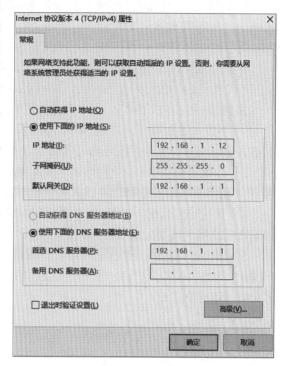

图 4-13　静态分配 IP 地址

4.4.4　IPv6

IPv6 是英文"Internet Protocol Version 6"（互联网协议第 6 版）的缩写，是互联网工程任务组（Internet Engineering Task Force，IETF）设计的用于替代 IPv4 的下一代 IP。

当前，随着互联网的快速发展，以及用户对网络需求的日益提高，IPv4 的局限性和缺点逐步显现，具体表现如下：

1）地址空间严重不足。IPv4 地址的总长度为 32 位，总共能提供 210 多万个网络号，37 亿个主机号，在互联网发展早期，这么多的地址空间足够全世界的用户使用。但是，在随后的十几年里，互联网快速发展，互联网上的主机数量急剧增长，IPv4 的地址池面临枯竭。

2）网络安全性不高。由于早期互联网的用户数量很少，IPv4 的设计未充分考虑安全性的问题，数据传输过程中没有提供加密和认证机制，因此，机密数据资源的传输无法得到安全保障。此外，在应用层和传输层实现的数字签名、密钥交换、实体的身份验证和资源的访问控制等安全功能都存在一定的缺陷。

3）路由效率不高。早期的 IP 地址管理机构缺乏规划，IP 地址分配较为随意。一些大型机构由于没有分配到 B 类地址，不得不分配多个 C 类地址以应对越来越庞大的网络规模。这种方式导致了路由表迅速膨胀，进而增加了网络中的路由查找和存储开销，骨干网络的路由效率快速下降。

4）服务质量（QoS）难以保证。IPv4 是一个无连接协议，此协议会尽最大努力传输数据包，但它不保证所有数据包均能送达目的地，也不保证所有数据包均按照正确的顺序无重复地到达。因此，在数据包传输的过程中，既不能纠正传输产生的误差，也无法确认是否已经送达，更无法确定传送时间，服务质量难以保证。

IPv6 作为新一代的 Internet 的地址协议标准，解决了 IPv4 的一些缺陷。虽然当前 Internet 上的设备大多只支持 IPv4，IPv6 替代 IPv4 的过程无法一蹴而就，但是长远看，具备更多优势的 IPv6 终究会替代 IPv4。IPv6 的主要优势有以下几个方面：

1）更大的地址空间。IPv6 将 IPv4 地址从 32 位增加到了 128 位，彻底解决了 IPv4 地址空间不足的问题。在可预见的将来，IPv6 的地址空间是不会耗尽的。

2）更简化的包头格式。IPv6 的包头总长度为 40 字节的 8 个字段，而 IPv4 包头至少包含 12 个字段，且长度在没有选项时为 20 字节，但在包含选项时可达 60 字节。IPv6 使用固定格式的包头减少了需要检查和处理的字段数量，提高了路由效率。

3）增加了新的选项。同 IPv4 一样，IPv6 允许数据报包含可选的控制信息。IPv6 还包含 IPv4 所不具备的新选项，可以提供新的附加功能。

4）支持资源分配。IPv6 中删除了 IPv4 中的服务类型，但增加了流标记字段，可用来标识特定的用户数据流或通信量类型，以支持实时音频和视频等需实时通信的通信量。

5）增强的安全性。扩展了对认证、数据一致性和数据保密的支持。

6）增加协议扩充机制。留有充分的备用地址空间和选项空间，当新的技术或应用需要时允许协议进行扩充。

本章小结

本章首先介绍了局域网的概念、功能和分类，对局域网介质访问控制方法中的以太网介质访问控制、载波侦听多路访问 / 冲突检测、令牌环访问控制、令牌总线访问控制进行了详细介绍。然后分别对传统以太网、高速局域网、虚拟局域网、无线局域网的组网方式进行了介绍。最后重点介绍了 IP 地址与子网划分、子网掩码和子网划分、IP 地址分配方式与配置，并对下一代协议 IPv6 进行了简要说明。

思考与练习

一、选择题

1. 物理地址也称为_____。

A. 二进制地址　　　　B. 八进制地址　　　　C. MAC 地址　　　　D. TCP/IP 地址

2. 下面_____是 IP 地址的正确表示。

A. 13.55.64.1100　　B. 13.55.1.1　　　　C. 13.55.1　　　　D. 260.22.11.2

3. 当 IP 地址的主机地址全为 1 时，代表的意思是_____。

A. 专用 IP 地址　　　　　　　　　　B. 对于该网络的广播信息数据报

C. 本网络地址　　　　　　　　　　D. Loopback 地址

4. IP 地址网络号的作用是_____。

A. 指定主机所在的网络　　　　　　B. 指定网络上的主机标识

C. 指定被寻址的子网的某个节点　　D. 指定设备能够进行通信的网络

5. IP 地址 127.0.0.1 表示的是_____。

A. 一个暂时未用的保留地址　　　　　B. 一个 B 类 IP 地址

C. 一个本网络的广播地址　　　　　　D. 一个表示本机的 IP 地址

6. DHCP 指_____网络服务。

A. 文件传送服务器　　　　　　　　　B. 动态主机地址分配服务器

C. Web 服务器　　　　　　　　　　　D. 域名服务器

7. 一个标准的 IP 地址 129.203.98.66 所属的网络为_____。

A. 129.0.0.0　　　B. 129.203.0.0　　　C. 129.203.98.0　　　D. 129.203.98.66

8. IPv4 与 IPv6 分别采用_____位来表示一个 IP 地址。

A. 32，128　　　B. 16，64　　　C. 126，126　　　D. 256，256

9. IP 地址的主机号作用是_____。

A. 指定网络上的主机标识　　　　　　B. 指定被寻址的子网中的某个节点

C. 指定主机所属的网络　　　　　　　D. 指定设备能够进行通信的网络

10. 在快速以太网中，支持五类 UTP 的标准是_____。

A. 100Base-T4　　　B. 100Base-LX　　　C. 100Base-TX　　　D. 100Base-FX

二、简答题

1. 局域网从介质访问控制方法的角度可分为哪两类？

2. 为什么要划分子网？子网掩码的作用是什么？

3. 常见的高速局域网有哪些？

4. 为什么要对 IP 地址进行分类？写出 A、B、C 三类地址可供分配的网络数。

5. 令牌环与令牌总线是如何工作的？

6. 什么是静态分配 IP 地址？什么是动态分配 IP 地址？

7. 如何从一个 IP 地址中提取网络号和主机号？

8. 什么是私有 IP 地址？写出 A、B、C 三类私有 IP 地址的范围。

9. IPv6 的主要特点是什么？

10. 若要将一个 B 类的网络 172.17.0.0 划分为 14 个子网，请计算出每个子网的子网掩码，每个子网中主机 IP 地址的范围是什么？

第5章
Internet 基础及应用

　　Internet 的出现和发展改变了人们的生活方式，如今无论用户身在何处，只要用户的计算机、手机等终端设备与 Internet 建立了连接，就可以使用 Internet 进行信息的获取和传递以及资源的共享。它已经给人们的生活、工作带来了极大的方便和好处，并加速了全球信息革命的进程。因此对于广大学生来说，了解并掌握互联网相关知识和技能是十分必要的。本章主要从 Internet 概述、Internet 的域名管理、常见的 Internet 接入方式以及 Internet 的应用四个方面介绍 Internet 的基本知识。

5.1　Internet 概述

5.1.1　Internet 的概念与组成

1. Internet 的概念

　　Internet 一词来源于英文 Interconnect Networks，即"互联各个网络"，又称为"因特网"。计算机网络是将计算机、终端通过通信线路连接在一起，Internet 则是使用 TCP/TP 连接了各个国家、各个地区、各个机构的计算机网络所构成的国际性的资源网络。Internet 就像是在计算机与计算机之间架起的一条条"高速公路"，各种信息在上面快速传递。这种"高速公路"网遍及世界各地，形成了像蜘蛛网一样的网状结构，使得人们可以在全球范围内交换各种各样的信息。

　　通俗地来说，Internet 是一个全球性的、开放性的计算机网络，它具备以下特点：

　　（1）通信标准统一　Internet 使用统一的通信标准，即 TCP/IP 通信协议。任何计算机只要采用 TCP/IP 与 Internet 中的任何一台主机联通，就可以成为 Internet 的一部分。也就是说，不同硬件平台、不同网络产品和不同操作系统之间在 Internet 上都可以互相兼容，互联互通。

　　（2）网络信息服务便捷　Internet 采用了目前分布式网络中最为流行的客户机 / 服务器程序方式，即在客户机与服务器中同时运行相应的程序，用户通过自己的计算机获取网络中服务器所提供的资源服务，这使得网络信息服务变得更加灵活和便捷。

　　（3）多种信息技术互相融合　Internet 把网络技术与多媒体技术和超文本技术融为一体，真正发挥了它们的作用。Internet 为教学、科研、商业广告、远程医学诊断和气象预报的应用提供了新的手段。

　　（4）信息资源丰富　Internet 上的信息资源几乎无所不包，并且类型丰富多样，如学术信息、商业信息、政府信息、个人信息、娱乐信息、新闻信息等。同时，在 Internet 上，信息更新也会更加及时。

　　（5）交互性增强　Internet 除了给用户提供丰富的信息资源外，也提供了友好的用户接口，用户通过简单的操作就能够获取信息服务。

2. Internet 的组成

Internet 连接了各种各样的计算机系统和网络，实现了非常强大的功能，那么它具体是由哪些部分组成的呢？概括地来讲，整个 Internet 主要由 Internet 服务器（资源子网）、通信子网和 Internet 用户三部分组成，其组成结构示意图如图 5-1 所示。

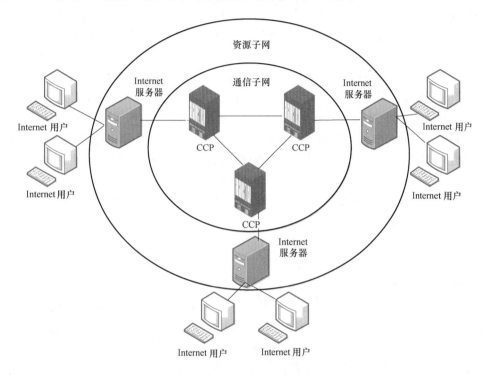

图 5-1　Internet 组成结构示意图

（1）Internet 服务器　Internet 服务器主要指的是在 Internet 上为用户提供网络服务的计算机，在 Internet 服务器上运行着用户所需的各种应用程序，能够提供给用户丰富的信息资源和信息服务，属于资源子网范畴。为了保障用户能够在任意时间获取 Internet 上的信息，要求 Internet 服务器全天 24h 运行，而 Internet 服务器的效率会对整个 Internet 网络的效率产生直接的影响，因此，Internet 服务器一般会选择使用高性能的服务器计算机，同时运行 Internet 操作系统。

一般情况下，Internet 服务器是需要向有关管理部门进行申请的。在获得批准之后，该 Internet 服务器将拥有唯一的 IP 地址和域名。申请成为 Internet 服务器及在 Internet 服务器的运行期间，服务器的拥有者需要向管理部门支付一定的费用。

（2）通信子网　通信子网主要负责将 Internet 服务器连接在一起，由转接部件和通信线路两部分组成，转接部件负责处理及传输信息和数据，而通信线路是信息数据传输的"高速公路"，多由光缆、电缆、电力线、通信卫星及无线电波等组成。通信子网为 Internet 服务器之间相互传输各种信息和数据提供支持。

（3）Internet 用户　Internet 用户也称为端用户，是 Internet 服务的使用者。只要通过网络设备使用 Internet 网络就可成为 Internet 用户。例如，利用电话线和 ADSL 等接入 Internet，即可访问 Internet 服务器上的资源，并享受 Internet 提供的各种服务。Internet 用户可以是单独的个人计算机，也可以是某一个单位、学校或者政府的局域网。将局域网接入Internet后，通过共享Internet，可以使网络内的所有用户都成为Internet用户。用户与用户之间可以进行通信、交换和共享信息资源。

5.1.2 Internet 的起源与发展

1. Internet 的起源

在 20 世纪 60 年代，美国军方为实现其下属各军方网络的互联，由国防部下属的高级研究计划署（ARPA）开始进行网络互联技术的研究，并在 1969 年建立了通信网 ARPANET（Advanced Research Projects Agency Network），这也是 Internet 的前身。1984 年，ARPANET分为民用科研网（ARPANET）和军用计算机网络（MLNET）。1986 年，美国国家科学基金会网（National Science Foundation Network，NSENET）建立，NSFNET 接管 ARPANET 并改名为 Internet。NSFNET 用于连接当时的六大超级计算机中心和美国的大专院校学术机构，该网络由全美国 13 个主干节点构成，主干节点向下连接各个地区网，再连到各个大学的校园网，采用 TCP/IP 作为统一的通信协议标准。

2. Internet 在中国的发展

Internet 在中国的发展大致可以分为两个阶段：第一阶段是 1987—1993 年，是 Internet在中国的起步阶段，以中国科学院高能物理研究所为首的一批科研院所与国外机构通过电话拨号的方式使用 Internet 的电子邮件系统，进行学术交流和科研合作，同时也为国内的一些科研机构提供 Internet 电子邮件服务；第二阶段是 1994 年以后，以中国科学院、北京大学和清华大学为核心的中国国家计算机网络设施（The National Computing and Networking Facility of China，NCFC）通过 TCP/IP 与 Internet 全面连接，在 NCFC 网络上建立了代表中国（CN）的域名服务器，并完成了域名服务器的设置，开通了 Internet 的全功能服务。能够使用 Internet 的骨干网 NSFNET，标志着我国正式加入 Internet 行列。

目前，国内的 Internet 主要由九大骨干互联网络组成，分别是中国公用计算机互联网（CHINANET）、中国金桥信息网（CHINAGBN）、中国联通计算机互联网（UNINET）、中国网通公用互联网（CNCNET）、中国移动互联网（CMNET）、中国教育和科研计算机网（CERNET）、中国科技网（CSTNET）、中国长城互联网（CGWNET）、中国国际经济贸易互联网（CIETNET）。其中，中国公用计算机互联网、中国金桥信息网、中国教育和科研计算机网、中国科技网是典型的代表。

中国教育和科研计算机网是由国家计划委员会投资、国家教育委员会主持建设，其目的是建设一个全国性的教育研究基地，把全国大部分的高等院校和中学连接起来，推动校园建设和促进信息资源的交流共享，推动我国教育和科研事业的发展。网络总控中心设在清华大学，CERNET 主页的网址为 http://www.edu.cn，其网络结构如图 5-2 所示。

中国科技网是中国科学院领导下的学术性、非营利性的科研计算机网络。1989 年 8 月，中国科学院承担了国家计划委员会立项的"中关村教育与科研示范网络"（NCFC）的建设。1994 年 4 月，NCFC 率先与美国 NSFNET 直接互联，实现了中国与 Internet 全功能网络连接，标志着我国最早的国际互联网络的诞生。1996 年 2 月，中国科学院决定正式将以 NCFC 为基础发展起来的中国科学院院网（CASNET）命名为"中国科技网（CSTNET）"。

如今，中国科技网（CSTNET）已成为中国互联网行业快速发展的一支重要力量，为广大用户提供互联网接入与运维管理、小区宽带、科研数据中心（IDC）、网络安全管理等基

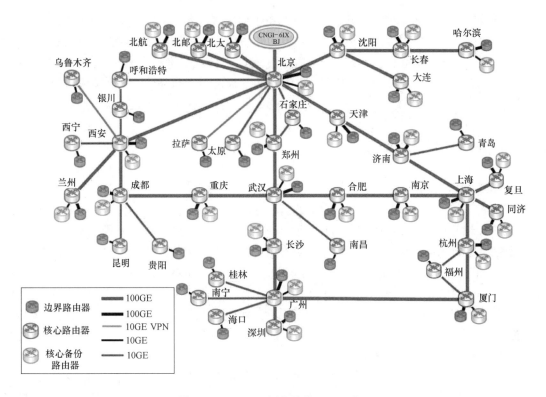

图 5-2 CERNET 网络结构（2018 年）

础性服务，以及视频会议系统、邮件系统、桌面会议系统、会议服务平台、团队文档库、组织通讯录、科研主页、中国科技网通行证等应用服务。此外，提供网络前沿技术研究与创新试验环境服务，为国家科学技术的创新发展提供基础性的信息化支撑与保障。

中国公用计算机互联网（CHINANET），是由原中国邮电部投资建设的中国公用 Internet，是中国最大的 Internet 服务提供商。用户可以通过电话网、综合业务数据网、数字数据网等其他公用网络以拨号或专线的方式接入 CHINANET，并使用 CHINANET 上开放的网络浏览、电子邮件、信息服务等多种业务服务。

中国金桥信息网（CHINAGBN）也称为国家公用经济信息通信网，是由原电子工业部所属的吉通公司主持、建设、实施的计算机公用网，为国家宏观经济调控和决策服务，同时也为经济和社会信息资源共享和建设电子信息市场创造条件。

3. Internet 2 的发展

从 1993 年开始，Internet 面向商业用户和普通公众开放，Internet 用户数量剧增，网络服务的需求量也越来越大，Internet 开始暴露出其网络传输速度慢、信息阻塞问题严重、安全性不够理想等问题。为了克服这些问题，1996 年，美国国家科学基金会设立了下一代互联网（Next Generation Internet，NGI）研究计划。同时，美国 34 所学校发起了下一代互联网 Internet 2 的项目。随后，欧洲国家、日本等也迅速推出了自己的下一代互联网计划。

我国目前也在进行相关的下一代网络建设。国内类似 Internet 2 的计划也是由国内高校发起的。但我国的下一代网络基础更为雄厚，因为我国的网络起步比美国要迟得多，所以采用的网络技术亦更为先进。多数大学校园网的主网都采用 ATM 和千兆以太网，并由光纤构成，可迅速发展为支持高带宽的网络。在"2004 中国国际教育科技博览会暨中国教育信息化论坛"开幕仪式上，中国第一个下一代互联网主干网——CERNET2 试验网正式宣布开通并提供服务。该试验网目前以 2.5Gbit/s 的速度连接北京、上海和广州三个 CERNET2 核心节点，并与国际下一代互联网相连接。它的开通，标志着我国下一代互联网研究取得重要进展。

5.2 Internet 的域名管理

5.2.1 域名系统（DNS）简介

计算机网络是基于 TCP/IP 进行通信的。在网络中，每一台主机都具有一个唯一的 IP 地址，用于标识和区分网络中成千上万个用户和计算机。IP 地址用二进制数来表示，每个 IP 地址长 32 位，由四个小于 256 的数字组成，数字之间用点间隔，例如，218.22.71.213 表示一个 IP 地址。用户与 Internet 上的某个主机进行通信时，显然不愿意使用很难记忆的长达 32 位的二进制主机地址，即使是点分十进制 IP 地址也不太容易记忆。因此在 IP 地址的基础上又发展出一种符号化的地址方案，来代替数字型的 IP 地址。每一个符号化的地址都与特定的 IP 地址对应，这样，网络上的资源访问起来就容易得多了。这个与网络上的数字型 IP 地址相对应的字符型地址，就称为域名。

域名（Domain Name）是由一串用点分隔的名称组成的 Internet 上某一台计算机或计算机组的名称，用于在数据传输时对计算机的定位标识（有时也指地理位置）。Internet 的域名系统（Domain Name System，DNS）被设计为一个联机分布式数据库系统，并采用客户机/服务器方式，可以将域名和 IP 地址相互映射，能够使人们更方便地访问互联网，而不用去记住 IP 地址。以机械工业出版社教育服务网（机工教育）为例，域名是 www.cmpedu.com，其中"www"是主机名，代表一个万维网服务器，"cmpedu"是此域名的主体，"com"是此域名的后缀，代表这是一个国际顶级域名。

在 DNS 中还有一个非常重要的概念，域名服务器。通过域名来访问 Internet 上的站点需要进行域名的解析，域名到 IP 地址的解析是由分布在 Internet 上的许多域名服务器程序共同完成的。域名服务器程序在专设的节点上运行，人们也常把运行域名服务器程序的机器称为域名服务器。后面会对域名服务器做进一步的介绍。

5.2.2 Internet 的域名结构

Internet 上所有主机的域名以树形（倒树）结构构成域名空间，如图 5-3 所示。Internet 域名空间的层次结构实际上是一个倒过来的树，最上面的是根，但没有对应的名称。根下面一级的节点就是最高一级的顶级域名（由于根没有名称，所以根下面一级的域名就称为顶级域名），由国际互联网络信息中心（InterNIC）分类。InterNIC 采用两种方法进行分类：一种方法是按组织模式（类别）进行划分，如 com、net、org、gov、edu 和 mil 等；另一种方法是按地理模式（国家或地区）进行划分，例如，cn（中国）、us（美国）和 ca（加拿大）等顶级域名可往下划分子域，即二级域名。再往下划分就是三级域名、四级域名等。域名树的树叶就是单台计算机的名称，它不能再继续往下划分子域了。

DNS 规定，域名中的标号都由英文字母和数字组成，每一个标号不超过 63 个字符，也不区分大小写字母。标号中除连接字符"-"外不能使用其他的标点符号。级别最低的域名

写在最左边，而级别最高的域名写在最右边。由多个标号组成的完整域名总共不超过 255
个字符。例如，www.jsj.ahcme.edu.cn 这个域名表示安徽机电职业技术学院互联网与通信学
院的一台 www 服务器，它和一个唯一的 IP 地址对应。该域名中，www 是一台主机名，这
台计算机是由 jsj 域管理的；jsj 表示安徽机电职业技术学院互联网与通信学院，它属于安徽
机电职业技术学院（ahcme）的一部分，ahcme 是中国教育领域（edu）的一部分，edu 又
是中国（cn）的一部分。这种表示域名的方法可以保证主机域名在整个域名空间中的唯一
性。因为即使两个主机的标识是一样的，只要其上一级域名不同，那么其主机域名就是不
同的。

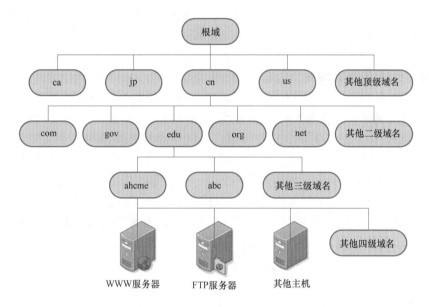

图 5-3　域名层次结构

5.2.3　域名服务器

域名服务器不但能够进行域名到 IP 地址的转换（这种转换称为地址解析），而且还必须
具有连向其他域名服务器的信息，当自己不能进行域名到 IP 地址的转换时，就应该知道到
什么地方去找别的域名服务器。互联网上的域名服务器系统也是按照域名的层次来安排的。
每一个域名服务器都只对域名体系中的一部分进行管辖。根据域名服务器所起的作用，可以
把域名服务器划分为以下四种不同的类型。

1. 根域名服务器

根域名服务器（Root Name Server）是最高层次的域名服务器，也是最重要的域名服务
器，全球共设有 13 个根域名服务器。所有的根域名服务器都知道所有的顶级域名服务器的
域名和 IP 地址。当其他的域名服务器无法解析域名时，会首先求助于根域名服务器。假如
所有的根域名服务器都瘫痪了，那么整个互联网的 DNS 系统就无法工作了，因为采取的是
分布式结构，所以只要有一台能够正常工作，互联网的 DNS 系统就不会受到影响。

2. 顶级域名服务器

顶级域名服务器（Top-Level-Domain，TLD）负责管理该顶级域名服务器上注册的所有
二级域名。当收到 DNS 查询请求时，就给出相应的回答。

3. 权限域名服务器

一个服务器所负责管辖的（或有权限的）范围称为区。各单位根据具体情况来划分自己管辖范围的区。但一个区中的所有节点必须是能够联通的。每一个区都设置相应的权限域名服务器（Authoritative Name Server），用来保存该区中所有主机的域名到 IP 地址的映射。当一个权限域名服务器没有给出最后的查询结果时，就会告诉发出查询请求的 DNS 客户，下一步应当查询哪一个权限域名服务器。

4. 本地域名服务器

当一台主机发出 DNS 查询请求时，这个查询请求报文就会发送给本地域名服务器。每一个互联网提供者，或者一个大学，甚至小到一个学院，都可以拥有一台本地域名服务器，这种域名服务器也称为默认域名服务器。本地网络服务连接的域名服务器指的是本地域名服务器。

5.2.4 中国互联网的域名体系

中华人民共和国工业和信息化部公告 2018 年第 7 号文公布了中国互联网的域名体系，其中规定我国互联网域名体系中各级域名可以由字母（A～Z，a～z，大小写等）、数字（0～9）、连接符（-）或汉字组成，各级域名之间用实点（.）连接，中文域名的各级域名之间用实点或中文句号（。）连接。国家顶级域名".CN"之下设置"类别域名"和"行政区域名"两类二级域名。设置"类别域名"9 个，分别为："政务"适用于党政群机关等各级政务部门；"公益"适用于非营利性机构；"GOV"适用于政府机构；"ORG"适用于非营利性的组织；"AC"适用于科研机构；"COM"适用于工、商、金融等企业；"EDU"适用于教育机构；"MIL"适用于国防机构；"NET"适用于提供互联网服务的机构。设置"行政区域名"34 个，适用于我国的各省、自治区、直辖市、特别行政区的组织。

5.3 常用的 Internet 接入方式

Internet 是一个全球性的网络，可以为用户提供丰富的信息资源和服务。用户要想使用 Internet 的资源和服务，就必须通过某种方式将自己的计算机或者局域网接入 Internet。常用的 Internet 接入方式主要有 PSTN 拨号接入方式、ISDN 专线接入方式、ADSL 宽带接入方式、DDN 专线接入方式、局域网接入方式、HFC 接入方式、卫星接入方式、无线网接入方式、Cable-Modem 接入方式等。上述接入方式各有优缺点，下面主要介绍几种常用的接入方式。

5.3.1 PSTN 拨号接入方式

PSTN（Published Switched Telephone Network，公用电话交换网）技术是利用 PSTN 通过调制解调器拨号实现用户接入的方式。在 Internet 发展早期，这是一种使用较为广泛的接入方式。一般来说，用户通过 Modem 和电话线就可以拨号上网，接入费用成本低廉。

PSTN 接入 Internet 的过程如图 5-4 所示。用户首先通过 Modem 进行拨号，接入服务器在收到拨号呼叫后，将用户拨号的账户和密码交由 RADIUS 服务器（验证、授权和计费服务器）进行验证。若账户和密码验证通过，RADIUS 服务器会分配给该用户一个 IP 地址，并通知接入服务器接收连接请求，之后接入服务器在 Modem Pool 中选择空闲的 Modem 与用户的 Modem 建立连接，这样就在用户与接入服务器之间建立了一条物理链路。这时，获得 IP 地址和物理链路的用户就可以自由地访问 Internet 了。

PSTN 是一种电路交换的方式，所以一条物理链路自建立直至释放，其全部带宽仅能被通路两端的设备使用，传输效率不高。PSTN 的最高速率为 56kbit/s，随着 Internet 的发展和普及，这种速率已经远远不能满足用户的传输需求。

图 5-4   PSTN 接入 Internet 的过程

5.3.2   ADSL 接入方式

ADSL（Asymmetric Digital Subscriber Line，非对称数字用户线）是 xDSL 技术的一种。xDSL 技术就是用数字技术对现有的模拟电话用户线进行改造，使它能够承载宽带业务。其中，"x"表示不同的宽带方案，主要包括 ADSL、HDSL、VDSL、SDSL 等。下面主要对 ADSL 进行简单介绍。

ADSL 提供的上行和下行带宽不对称，因此称为非对称数字用户线路。ADSL 采用频分复用技术把普通的电话线分成了电话（4Hz）、低速上行和高速下行三个相对独立的信道，从而避免了相互之间的干扰。用户可以在上网的同时打电话或发送传真，不用担心上网速率和通话质量下降的情况。

ADSL 技术无须改造现有的电话传输线路，只须在用户端安装特殊的 ADSL 设备即可将用户接入 Internet，这种方式有效地降低了安装成本和维护成本。在相关运营商、设备厂商的支持推动下，ADSL 技术快速发展，相继出现了 ADSL 2 技术和 ADSL 2+ 技术。新技术打破了 ADSL 接入方式带宽限制的瓶颈，在速率、距离、故障检测、电源管理、信道优化等方面进行了改进。在光纤普及前，ADSL 技术由于能够为用户提供较高的传输速度，因此是大多数家庭用户进入 Internet 的首选接入方式。ADSL 接入示意图如图 5-5 所示。

5.3.3   HFC 接入方式

HFC（Hybrid Fiber Coaxial）又称为混合光纤同轴电缆网，是一种基于有线电视网 CATV 开发的新型宽带网络。

传统的 CATV 是一种树形结构的同轴电缆网络，在可靠性、带宽方面已不能满足用户的需求。HFC 将 CATV 中的同轴电缆骨干网络部分改为光纤，引入星形拓扑结构，采用模拟传输技术，以频分复用方式传输模拟和数字信息。HFC 实际上是将现有光纤／同轴电缆混合组成的单向模拟 CATV 网改造为双向网络，除了提供原有的模拟广播电视业务外，利用频分复用技术和专用电缆解调器实现语音、数据和交互式视频等宽带双向业务的接入及应

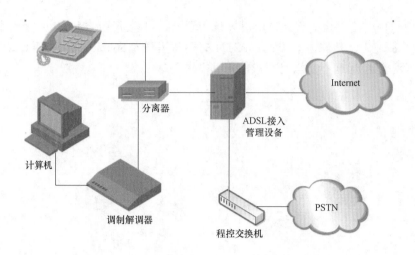

图 5-5　ADSL 接入示意图

用。HFC 主要有如下特点：

1）成本低廉，宽带接入方便、灵活。

2）传输频带宽，传输速率高，易实现双向传输。

3）传输损耗小，传输距离长。

4）频率特性好，在有线电视传输带宽内无须均衡。

HFC 支持 ATM、帧中继、SONET 和 SMDS（交换式多兆位数据服务）等多种传输技术。HFC 部署完成后，可以很方便地被运营商扩展以满足日益增长的服务需求以及支持新型服务。总之，HFC 是一种理想的、全方位的、信号分派类型的服务媒质。HFC 具备强大的功能和高度的灵活性，这些特性已经使之成为有线电视（CATV）和电信服务供应商的首选技术。由于 HFC 的结构和现有有线电视网络的结构相似，所以有线电视网络公司的管理人员对 HFC 特别青睐，他们非常希望这一利器可以帮助其在未来多种服务竞争局面下获得现有的电信服务供应商相似的地位。

5.3.4　光纤接入方式

光纤接入（FTTX）是指采用光纤作为主要的传输介质，直接连接用户的计算机或者局域网的一种 Internet 接入方式。由于光纤上传送的是光信号，因而需要将电信号进行电光转换，变成光信号后再在光纤上进行传输。在用户端则要利用光网络单元（ONU）进行光电转换，恢复成电信号后送至用户设备。

根据光网络单元（ONU）的位置，光纤接入方式可分为 FTTB（光纤到大楼）、FTTC（光纤到路边）、FTTZ（光纤到小区）、FTTH（光纤到用户）、FTTO（光纤到办公室）、FTTF（光纤到楼层）、FTTP（光纤到电杆）、FTTN（光纤到邻里）、FTTD（光纤到门）、FTTR（光纤到远端单元）。其中，最主要的是 FTTB（光纤到大楼）、FTTC（光纤到路边）、FTTH（光纤到用户）三种形式。

FTTB（光纤到大楼）主要为大中型企事业单位及商业用户服务。ONU 位于公寓大楼内，可提供高速数据、电子商务、可视图文、远程医疗、远程教育等宽带业务。

FTTC（光纤到路边）主要为住宅用户提供服务。ONU 位于路边，从 ONU 出来用同轴电缆传送视像业务，用双绞线传送普通电话业务，每个 ONU 一般可为 8 ～ 32 个用户服务，适合为别墅型的用户提供各种宽带业务。FTTB 与 FTTC 并没有什么根本不同，两者的差异在于服务的对象不同，因而所提供的业务不同，ONU 后面所采用的传输媒介也有所不同。

FTTH（光纤到家）则是将 ONU 放置在住户家中，由住户专用，为家庭提供各种综合宽带业务，如视频、数据、语音、多媒体等。

光纤是宽带网络传输介质中最理想的一种，相较于电缆传输，它具有如下特点：

1）光纤的工作频率比电缆高出 8 ～ 9 个数量级，传输频带宽，通信容量大。

2）光纤每千米的衰减比电缆低一个数量级以上，传输损耗低。

3）光纤纤径更细，体积更小，重量更轻，有利于运输和施工。

4）光纤不受电磁信号的干扰，防干扰性能优异，保密性也更好。

随着信息技术与经济市场的不断发展，光纤接入技术已经成为当前通信行业发展的主力。

5.4 Internet 的应用

5.4.1 电子邮件

电子邮件（E-mail）是因特网上使用最广泛、最受用户欢迎的一种应用。它为因特网用户提供了一种便捷、快速、廉价的通信手段，在人们的工作、生活中发挥着越来越重要的作用。

现在，电子邮件系统不但可以传输各种形式的文本信息，还可以传输声音、图像、视频等多种信息，已成为多媒体信息传输的重要手段之一。

1. 电子邮件的特点

因特网用户若要使用电子邮件系统收发电子邮件，该用户必须要有一个电子邮箱及与之对应的电子邮箱地址，每一个电子邮箱地址在因特网中都是唯一的。拥有电子邮箱用户可以接收其他用户发来的电子邮件，也可以通过电子邮箱给其他用户发送电子邮件。发件方可以给一个用户或多个用户同时发送同一个邮件，接收方可以在收到邮件后随时打开电子邮箱阅读、回复、转发或删除电子邮件。收发电子邮件不需要发送方和接收方同时在线。

电子邮件系统与传统的邮政系统相比具有如下特点：

1）成本低：与发送传统邮件相比，电子邮件的费用很低，只需要话费很少的上网费即可完成邮件的发送，并且可以实现一对多的邮件传送。

2）速度快且安全可靠：相对于人工传递邮件，电子邮件的速度要快得多且比较可靠，不用担心邮件损坏等问题。如果需要，还可以对邮件进行加密。

3）到达范围广：电子邮件可以发送到因特网所覆盖的任何地方。

4）内容表达形式多样：电子邮件不仅可以发送文字，还可以发送语音、图像等类型信息，目前电子邮件成为多媒体信息传送的重要手段。

5）易于推广且使用方便：在网络遍布各处的今天，电子邮件使用门槛低，只要拥有网络终端及电子邮箱就可以方便、快捷地使用电子邮箱收发邮件。

2. 电子邮件系统原理

一个电子邮件系统主要由四个部分组成，分别是电子邮箱、用户代理、邮件服务器、邮件发送协议（如 SMTP）和邮件读取协议（如 POP3）。

（1）电子邮箱　Internet 中存在着大量的邮件服务器，如果要使用电子邮件服务，那么首先要拥有一个电子邮箱（Mail Box）。电子邮箱是由提供电子邮件服务的机构（一般是 ISP）为用户建立的。电子邮箱包括用户名（User Name）与用户密码（Password）。电子邮箱是邮件服务器中为每个合法用户开辟的一个存储用户邮件的空间，类似邮递系统中的信箱，任何人都可以将电子邮件发送到某个电子邮箱中，只有拥有账号和密码的用户才能阅读邮箱中的邮件，而其他用户可向该邮件地址发送邮件，并由邮件服务器分发到邮箱中。

（2）用户代理（User Agent，UA） 一般来说，用户代理就是运行在用户 PC 上的一种软件，它是用户与电子邮件系统的接口，又称为电子邮件客户端软件；用户代理向用户提供了一个很好的收发电子邮件的接口。可供用户选择的接口有很多种，如 Outlook Express 和 Foxmail 等。一般用户代理具有撰写邮件、显示及查看邮件、收发处理邮件等功能。

（3）邮件服务器 电子邮件服务采用客户机 / 服务器的工作模式。邮件服务器（Mail Server）是 Internet 邮件服务系统的核心，邮件服务器的功能是收发邮件，同时向发件人报告邮件传送的结果（交付、丢失、被拒等），邮件服务器需要 24h 不间断地工作且拥有大容量的邮件邮箱，邮件服务器需要使用用户发送邮件协议（如 SMTP）和用户读取邮件协议（如 POP3）。

（4）邮件发送协议和邮件读取协议 电子邮件应用程序在向邮件服务器传送邮件时使用简单邮件传输协议（Simple Mail Transfer Protocol，SMTP），从邮件服务器的邮箱中读取邮件时可以使用 POP3（Post Office Protocol）或 IMAP（Interactive Mail Access Protocol）。至于电子邮件使用哪种协议读取，则取决于所使用的邮件服务器支持哪一种协议。通常称支持 POP3 的邮件服务器为 POP3 服务器，而称支持 IMAP 的服务器为 IMAP 服务器。

在邮件服务器端，包括用来发送邮件的 SMTP 服务器、用来接收邮件的 POP3 服务器或 IMAP 服务器，以及用来存储电子邮件的电子邮箱。在邮件客户端，包括用来发送邮件的 SMTP 代理、用来接收邮件的 POP3 代理，以及为用户提供管理界面的用户接口程序。

发送方通过自己的邮件客户端书写电子邮件，然后将电子邮件发送给自己的邮件服务器，发送方的邮件服务器接收到发件人的电子邮件后，根据收件人的地址发送到接收方的邮件服务器中。接收方的邮件服务器收到其服务器发来的电子邮件后，再根据收件人的地址分发到收件人的邮箱中。

接收方要接收电子邮件，首先通过邮件客户端（如 Outlook Express、Messenger、Foxmail 等）访问邮件服务器，然后从自己的邮箱中读取电子邮件，并对这些邮件进行相应的处理。发送中的电子邮件到达接收方的电子邮件服务器的传输过程不需要用户介入，一切都是在 Internet 中自动完成的。电子邮件的传输过程如图 5-6 所示。

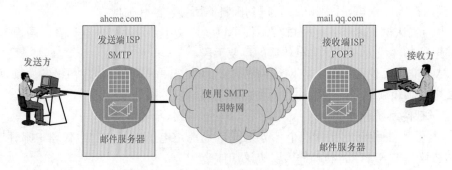

图 5-6　电子邮件的传输过程

3. 电子邮件的格式

每个电子邮箱都有一个地址，称为电子邮件地址（E-mail Address）。电子邮件地址的格式是固定的且在使用范围内是唯一的。用户的电子邮件地址格式为"用户名 @ 主机名"。其中，"@"符号表示"at"，用户名是指在该主机上为用户建立的电子邮件账号，主机名指的是拥有独立 IP 地址的计算机名称。例如，在名为"ahcme.edu.cn"的主机上有一个名为 htxy 的用户，那么该用户的 E-mail 地址为 htxy@ahcme.edu.cn。

5.4.2 文件传输协议

文件传输协议（File Transfer Protocol，FTP）的主要作用是让用户连接上一台运行着 FTP 服务的远程计算机，既可以从远程计算机上获取文件，也可以将本地计算机的文件复制到远程主机上。

FTP 提供交互式访问，允许用户指明文件类型与格式，并可根据需要将文件设置为授权访问模式。FTP 屏蔽了计算机系统的细节，适用于在异构网中的计算机间传送文件。到目前为止，FTP 仍然是广大因特网用户获得丰富网络资源的重要方法之一。

1. FTP 的基本工作原理

FTP 是基于客户机 / 服务器工作模式的。FTP 服务器是指提供 FTP 服务的计算机，它是信息服务的提供者。获取 FTP 服务的普通用户计算机称为客户机。客户机与服务器之间通过 TCP 建立连接，将文件从 FTP 服务器传输到客户机的过程称为下载，将文件从客户机传输到 FTP 服务器的过程称为上传。

进行文件传输时，FTP 在客户机与服务器之间需要建立两个并行的 TCP 连接："控制连接"和"数据连接"。当 FTP 服务器端启动 FTP 服务程序后，服务程序打开一个专用的 FTP 端口（21 号端口），等待客户程序的 FTP 控制连接。客户程序开启后主动与服务程序建立端口号为 21 的 TCP 连接。控制连接在整个 FTP 过程中一直保持打开。控制连接主要用于传输客户机向服务器发出的请求及服务器向客户机回送的信息。FTP 发送的传送请求通过控制连接发给服务器端的控制进程，服务器端的控制进程收到 FTP 客户端发来的文件传输请求后创建"数据传送进程"和"数据连接"。数据连接用来连接客户端和服务器端的数据传送进程。数据传送进程在完成数据传送后关闭数据传送连接并结束运行。图 5-7 所示为 FTP 客户机 / 服务器模型，数据连接为双向箭头表示 FTP 支持文件上传和文件下载，但必须是客户机主动访问服务器，而不能是服务器访问客户机。

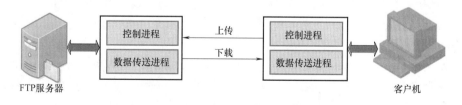

图 5-7　FTP 客户机 / 服务器模型

2. 匿名 FTP

FTP 服务是一种实时的联机服务，要求用户在访问 FTP 服务器时必须进行登录并输入合法账号和口令。成功登录 FTP 服务器的用户才能搜索、查阅、传输服务器中的授权文件。使用 FTP 可以传送如正文文件、二进制文件、图像文件、声音文件、数据压缩文件等多种类型的文件。FTP 的这种工作方式限制了 Internet 上一些公用文件及资源的发布。为此，Internet 上的多数 FTP 服务器都提供一种匿名 FTP 服务。

匿名 FTP 是最重要的 Internet 服务之一。匿名 FTP 允许用户通过它连接到远程主机上并具有下载资源权限，而无须成为其注册用户。许多匿名 FTP 服务器上都有免费的软件、电子杂志、技术文档及科学数据等供人们使用。为了保证 FTP 服务器的安全，匿名 FTP 对用户使用权限有一定的限制：通常仅允许用户获取文件，而不允许用户修改现有文件或向它传送文件，另外对于用户可以获取的文件范围也有一定限制。匿名 FTP 使用户很容易获取大量的网上信息资源，当今，所有类型的信息及计算机程序都可以在 Internet 上找到，这也是 Internet 的魅力之一。

3. 简单文件传输协议

TCP/IP 协议族中有一个简单文件传输协议（Trivial File Transfer Protocol，TFTP），它很小且易于实现（比 FTP 简单，也比 FTP 功能少）。TFTP 使用客户机 / 服务器方式，但是它使用 UDP 数据报，这需要 TFTP 有自己的差错改正措施。

（1）TFTP 的用途 简单文件传输协议的应用包括为无盘工作站下载引导文件、下载初始化代码到打印机、集线器和路由器等方面的应用。例如，在需要设置路由器信息的场合，可将路由器设置参数信息存储在指定的 TFTP 服务器上，如果路由器出现故障，那么正确的设置信息可以从 TFTP 服务器上下载并及时修复路由器，从而使路由器的容错能力得到提高。

（2）TFTP 与文件传输协议 FTP 的比较 尽管 TFTP 比 FTP 的功能要弱，但是 TFTP 具有两个优点：TFTP 能够用于那些有 UDP 而无 TCP 的环境；TFTP 代码所占的空间内存要比 FTP 小很多。

TFTP 与 FTP 的作用大致相同，都是用于文件的传输，可以实现网络中两台计算机之间的文件上传与下载。可以将 TFTP 看作 FTP 的简化版本。TFTP 一般多用于局域网以及远程 UNIX 计算机中，而常见的 FTP 则多用于互联网中。TFTP 不需要认证客户端的权限，FTP 需要进行客户端认证。TFTP 客户端与服务器之间的通信使用的是 UDP 而非 TCP。TFTP 没有庞大的命令集，不支持交互，只支持文件传输。

5.4.3　WWW

WWW（World Wide Web）又称为万维网，英文简称为 Web，是一个大规模的、联机式的信息储藏所。WWW 可为因特网用户带来世界范围的超级文本查询服务。WWW 将位于全世界 Internet 上的不同网址的相关数据信息有机地组织在一起，通过浏览器（Browser）向用户提供所查询界面的信息。另外，WWW 仍可提供传统的 Internet 服务，如 Telnet、FTP、E-mail 等。

WWW 的出现是 Internet 发展中的一个里程碑。正是由于 WWW 的出现，使因特网从仅由少数计算机专家使用变为普通老百姓也能利用的信息资源。WWW 服务是 Internet 上最方便、最受用户欢迎的信息服务类型，它的影响力已远远超出了专业技术范畴，并已进入电子商务、远程教育、远程医疗与信息服务等领域。

1. 万维网概述

WWW 是一个分布式超媒体（Hypermedia）系统，它是超文本（Hypertext）系统的扩充。超文本是指包含其他文档链接的文本。可以理解为超文本由多个信息源链接组成，利用链接可使用户由当前文本找到另一个文本，超文本是 WWW 的基础。超文本文档仅含文本和链接信息，超媒体文档除文本信息外还含有图形、图像、声音、动画、视频图像信息。超媒体进一步扩展了超文本所链接的信息类型。用户不仅能从一个文本跳到另一个文本，而且可以激活一段声音，显示一个图形，甚至可以播放一段动画。WWW 是以超文本标记语言（Hypertext Markup Language，HTML）与超文本传输协议（Hypertext Transfer Protocol，HTTP）为基础的、为用户提供面向 Internet 服务的、具有一致用户界面的信息浏览系统。

WWW 系统的结构采用了浏览器 / 服务器（Browser Server，B/S）模式，这与客户机 / 服务器（Client Server，C/S）工作模式有所不同。事实上，B/S 模式是 Internet 关键技术成功应用的典型范例，它的出现和应用使传统的 C/S 网络计算模式获得了新的活力和生机。B/S 模式简化了 C/S 模式中的客户端，只需装上操作系统、网络协议软件及浏览器即可。B/S 模式下的客户机被称为"瘦"客户机，而服务器则集中了几乎所有的应用逻辑、开发、维护等工作。相对于 C/S 结构，B/S 结构具有客户端软件统一，易于设置、使用和管理等许多独特的优点，这样可以减少开发人员在客户端的工作量，使他们可以把注意力集中到怎样合理地组织信息、提供客户服务上来。

2. 统一资源定位符

统一资源定位符（Uniform Resource Locators，URL）是用来表示用户在 Internet 中得到资源位置和访问资源的方法。这里所说的"资源"是指因特网上可以被访问的任何对象，包括文件、文档、图像、声音等，以及与因特网相连的任何形式的数据。URL 是与因特网相连的机器上的任何可访问对象的一个指针。由于访问不同对象所使用的协议不同，所以 URL 还指出读取某个对象时所使用的协议。

标准的 URL 由三部分组成：服务器类型、主机名、路径及文件名。例如，安徽机电职业技术学院的 WWW 服务器的 URL 为 http://www.ahcme.edu.cn/index.html。其中，"http"指要使用 HTTP，"www.ahcme.edu.cn"指要访问的服务器主机名，"index.html"指要访问主页的路径与文件名。因此，通过使用 URL，用户可以指定要使用什么协议访问万维网中哪台服务器的哪个文件。如果用户希望访问某台 WWW 服务器中的某个页面，只要在浏览器中输入该页面的 URL，便可以浏览该页面，URL 请求与应答示意图如图 5-8 所示。

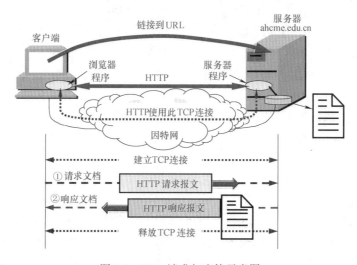

图 5-8　URL 请求与应答示意图

用户通过 URL 不仅能使用 HTTP 访问万维网的页面，而且还能够通过使用 FTP 等其他协议访问万维网页面。用户在访问这些资源时，只使用一个浏览器程序，这显然是非常方便的。

3. 超文本传输协议

超文本传输协议（Hypertext Transfer Protocol，HTTP）是在浏览器和万维网服务器之间传送超文本的协议。HTTP 工作在 TCP/IP 协议体系中的 TCP 上，客户机和服务器必须都支持 HTTP，HTTP 使用的 TCP 端口号是 80。HTTP 是一个属于应用层的面向对象的协议，它由两个部分组成：从浏览器到服务器的请求集和从服务器到浏览器的应答集。由于 HTTP 简捷、快速，因此适应于分布式超媒体信息系统。HTTP 的会话过程包括连接、请求、应答和关闭四部分。该协议不仅保证计算机快速、正确地传送超文本文档，还传输文档的位置信息。

HTTP 主要有以下几个特点：

1）支持客户机 / 服务器模式。注重超文本数据传输，单台服务器可为多个用户提供服务。

2）简单快速。HTTP 简单，能使得 WWW 服务器高速处理大量请求。与 FTP 等协议相比，HTTP 速度快，开销小。

3）灵活易扩展。HTTP 允许传输任意类型的数据对象。新的数据格式需要传输，HTTP 只要公布新的数据标识就可以为这些数据提供传输服务。

4）无连接性。每次连接只处理一个请求，服务器在收到请求后立即答复，不需要在请求间隔中浪费时间。

5）无状态性。是指协议对于事务处理没有记忆能力。缺少状态意味着如果后续处理需要前面的信息，则它必须重传，这样可能导致每次连接传送的数据量增大。另外，服务器无须保留维护状态表，可以加快处理速度。

下面具体说明用户单击一个网站 URL（http://www.tinghua.edu.cn/）后所发生的几个事件：

1）浏览器（即 HTTP 客户）分析链接指向的页面 URL。

2）浏览器向 DNS 请求解析 www.tsinghua.edu.cn 的 IP 地址。

3）域名系统解析出清华大学服务器的 IP 地址为 16.111.4.100。

4）浏览器与 HTTP 服务器建立 TCP 连接（服务器端 IP 地址是 16.111.4.100，端口是 80）。

5）浏览器发出取文件指令：get/index.htm。

6）服务器 www.tsinghua.edu.cn 给出响应，把文件 index.htm 发送给浏览器，释放 TCP 连接。

7）浏览器显示清华大学网站首页文件 index.html 的所有文本。

4. WWW 浏览器

WWW 浏览器是用来浏览 Internet 上网页的客户端软件。WWW 浏览器为用户提供了在 Internet 上寻找内容丰富、形式多样的信息资源的捷径。现在的 WWW 浏览器的功能非常强大，基本上可支持多媒体特性，不仅可以浏览文字内容，还可以播放声音、动画与视频，展现出更加丰富多彩的信息。

第 5 章 | Internet 基础及应用

目前，流行的浏览器软件主要有 IE、火狐（Firefox）、Safari 和 Opera 等。

5. HTML

超文本标记语言（HyperText Markup Language，HTML）是一种制作万维网页面的标准语言，它消除了不同计算机之间信息交流的障碍。HTML 已成为万维网重要的基础。

一份文件如果想通过 WWW 主机来显示，就必须符合 HTML 的标准。实际上，HTML 是 WWW 上用于创建和制作网页的基本语言，通过它就可以设置文本的格式、网页的色彩、图像与超文本链接等内容。

HTML 之所以称为超文本标记语言，是因为文本中包含了所谓的"超级链接"点。所谓超级链接，就是一种 URL 指针，通过激活它，可使浏览器方便地获取新的网页。这也是 HTML 获得广泛应用的重要的原因之一。HTML 结合使用其他的 Web 技术（如脚本语言、CGI、组件等）可以设计出功能强大的网页。

HTML 具有简单易扩展、平台无关性、文档制作简单等特点。不同数据格式的文件可以很方便地嵌入其中，通过 FrontPage、Dreamweaver 等所见即所得软件可以很容易制作出精美的静态网页。当然，静态网页也存在灵活性差的缺点，变化频繁的网页是不适合制作静态网页的，这需要专门去研究动态网页制作技术。实现动态网页的主流技术有 JSP、ASP、PHP 等。

本章小结

本章首先介绍了 Internet 的概念与组成、起源与发展、域名管理等方面的基础知识，然后介绍了 Internet 的几种常用接入方式。通过学习本章知识，学生应能较全面地理解及掌握 Internet 基础知识，为后续章节学习做好铺垫。

思考与练习

一、选择题

1. 以电话拨号方式联入 Internet 时，不需要的硬件设备是_____。

A. PC   B. 网卡   C. 电话线   D. Modem

2. Modem 的主要功能是_____。

A. 将数字信号转换为模拟信号   B. 将模拟信号转换为数字信号

C. A 和 B 都不是   D. 兼有 A 和 B 的功能

3. Internet 上各种网络和各种计算机间相互通信的基础是_____。

A. IPX   B. HTTP   C. TCP/IP   D. X.25

4. 关于域名正确的说法是_____。

A. 没有域名，主机不可能上网   B. 一个 IP 地址只能对应一个域名

C. 一个域名只能对应一个 IP 地址   D. 域名可以随便取，只要不和其他主机同名即可

5. 下面协议中，_____不是一个传送 E-mail 的协议。

A. SMTP   B. POP   C. TELNET   D. MIME

6. 用 E-mail 发送信件时必须知道对方的地址。在下列表示中，_____是一个合法、

完整的 E-mail 地址。

    A. center.zjnu.edu.cn@userl   B. userl@center.zjnu.edu.cn

    C. userl.center.zjnu.edu.cn   D. userl$center.Zjnu.edu.cn

7. 下面对 E-mail 的描述中，只有_____是正确的。

    A. 不能给自己发送 E-mail   B. 一封 E-mail 只能发给一个人

    C. 不能将 E-mail 转发给他人   D. 一封 E-mail 能发送给多个人

8. 从 E-mail 服务器中取回的邮件，通常都保存在客户机的_____里。

    A. 发件箱   B. 收件箱   C. 已发送邮件箱   D. 已删除邮件箱

9. HTTP 是一种_____。

    A. 程序设计语言   B. 域名   C. 超文本传输协议   D. 网址

10. 以匿名方式访问 FTP 服务器时的合法操作是_____。

    A. 文件下载   B. 文件上载   C. 运行应用程序   D. 终止网上运行的程序

二、简答题

1. 什么是 Internet？Internet、Intranet、Extranet 有什么区别？

2. 简述 Internet 的发展阶段及其各阶段的特点。

3. 将计算机接入 Internet 的最基本的方式有哪几种？它们各有什么特点？

4. 域名系统（DNS）的作用是什么？

5. 简述电子邮件服务的基本原理。

6. 文件传输服务的工作原理是什么？

7. 域名系统层次结构的含义是什么？

8. 简述 WWW 的基本工作过程。

第6章
常见网络故障排除

平时在使用网络的过程中，时常会碰到各种网络故障。本章从网络故障概述、网络故障检测工具、常见网络故障解决方法三个方面出发，让大家能够快速地排除常见的网络故障。

6.1 网络故障概述

网络故障的原因可以说是复杂多样的，涉及硬件和软件。由于计算机网络已经深入人们日常的生活、工作和事务中，因此一旦出现网络故障，如果不能及时排除就会影响生活和工作的正常运转。所以有必要掌握一些网络故障的排除方法，保障人们能够正常地使用网络。

1. 网络故障的原因及影响

首先，现在网络传输的数据形式多种多样，包括语音、图片、图像、视频等丰富的多媒体数据，同时也增加了网络传输的复杂性，容易引起网络故障。其次，双绞线、光纤等多种传输介质也是产生网络故障的主要原因之一，如线路本身的问题、转换的问题、接口的问题等。最后，很多网络技术和网络协议的不断更新，给网络的使用也带来一定的复杂性，特别是在原有技术和协议的兼容性方面容易产生问题。

以上网络故障在人们日常使用网络的过程中容易出现，如果不能及时排除和解决就会影响正常通信、业务的有效运转，甚至会打乱人们的日常生活，造成严重的损失。

2. 网络故障的分类

按照因特网的 TCP/IP 体系结构，网络故障可分为五类。物理层故障，主要是物理设备和线路的故障；数据链路层故障，主要是接口配置的问题；网络层故障，主要是协议配置的问题；传输层故障，主要是由于设备性能引起的或网络通信拥塞导致的；应用层故障，主要是应用程序的问题。

所以，网络故障的排除也要沿着 TCP/IP 体系结构的层次，从物理层到应用层逐层排查，确定网络故障属于哪一层。

6.2 网络故障检测工具

6.2.1 线路检测工具

网络通信线路检测工具一般有网线检测工具和光纤检测工具。

1. 网线测试仪

网络测试仪按网络传输介质可以分为有线网络测试仪和无线网络测试仪两类。

1）有线网络测试仪。主要针对双绞线进行检测，是一种可以检测 OSI 模型定义的物理层、数据链路层、网络层运行状况的便携、可视的智能检测设备，主要适用于局域网故障检测、维护和综合布线施工中。有线网络测试仪的功能涵盖物理层、数据链路层和网络层。

2）无线网络测试仪。主要针对无线路由和 AP 进行检测，可以排查出无线网络中连接的终端和无线信号强度，进而有效地管理网络中的节点，增强网络安全。随着无线网络的推广，无线网络测试仪已经成为一种重要的检测工具。

2. 光纤测试仪

光纤测试仪主要用于测量光纤信号的衰减、接头的损耗、光纤故障点的定位以及光纤沿长度的损耗分布情况等，是光缆检测中必不可少的工具。其主要指标参数包括动态范围、灵敏度、分辨率、测量时间和盲区等。

3. 网络协议分析仪

网络协议分析仪是能够捕获网络报文的设备，可以捕捉分析网络的流量，以便找出故障网络中潜在的问题。

1）监视功能。将网络协议分析仪连接在数据通信系统上，在不影响系统运行的情况下，从线路上取出所发送的数据和接收的数据，进行数据的存储、显示和分析。

2）模拟功能。将网络协议分析仪直接与被测设备（数据终端设备或计算机）进行连接，按照预先设置的程序，同被测设备通信，进行数据的发送和接收，检验被测设备协议实现的正确性。

假设网络的某一段运行得不是很好，报文的发送比较慢，而人们又不知道问题出在什么地方，此时就可以用网络协议分析仪来做出精确的问题判断。

网络测试仪的使用可以极大地降低网络管理员排查网络故障的时间，提高工作效率，加速网络故障的诊断和排除，是网络检测中必不可少的工具。

6.2.2 网络故障检测命令

Windows 系统自带了一些网络管理的工具。计算机网络管理人员可以借助这些工具快速、有效地找出故障并且排除故障，使网络畅通无阻。常用的网络故障测试命令有 ipconfig、ping、arp、tracert、nslookup、netstat 和 route 等。下面简单说明它们的基本用法。

以下命令都在开始菜单中的"命令提示符"窗口中运行。

1. ipconfig 命令

利用 ipconfig 命令可以获得计算机的配置信息，包括网卡的 MAC 地址、主机的 IP 地址、子网掩码、默认网关、DHCP 服务器地址和 DNS 服务器地址等。根据这些信息可以判断网络连接出现了何种问题，甚至可以通过 ipconfig 命令直接解决网络故障问题。

（1）查看计算机的配置信息 命令格式：ipconfig /all。

该命令可以查看计算机的所有网络配置信息，如物理地址、IP 地址、子网掩码、默认网关和 DNS 服务器的地址，示例如图 6-1 所示。

（2）释放 TCP/IP 网络配置 命令格式：ipconfig /release。

当计算机通过 DHCP 服务器动态获取 IP 地址及其他网络设置时，ipconfig 命令的"/release"参数能取消正在使用的 IP 并删除所有网络设置，示例如图 6-2 所示。

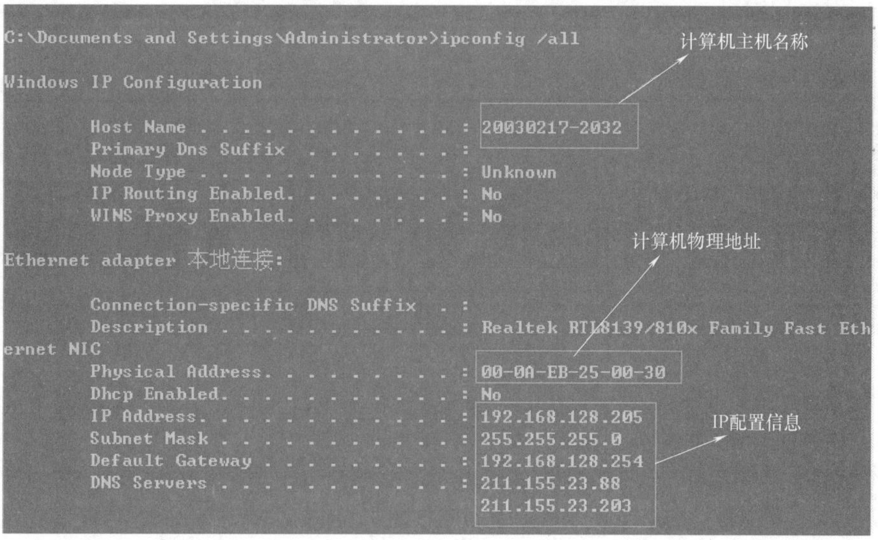

图 6-1 查看计算机的配置信息

图 6-2 释放 TCP/IP 网络配置

（3）重新获取 TCP/IP 网络配置 命令格式：ipconfig /renew。

在对网络进行故障排除时，如果发现 IP 地址是以 "169.254.*.*" 开头的，并且计算机是从网络中的 DHCP 服务器获得的配置，就需要使用 ipconfig 命令的 "/renew" 参数更新现有配置或者获得新配置来解决问题，示例如图 6-3 所示。

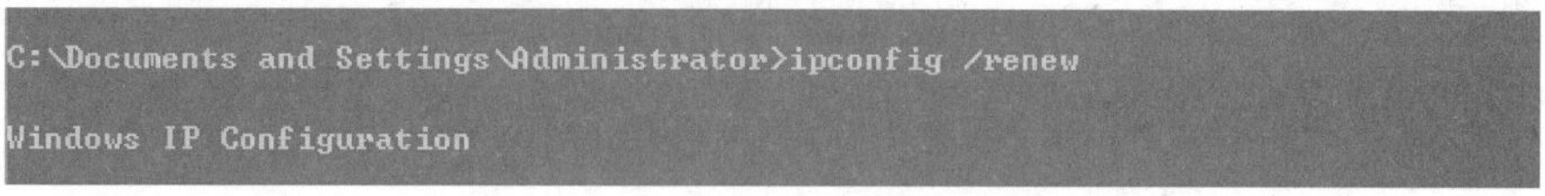

图 6-3 重新获取 TCP/IP 网络配置

2. ping 命令

在进行故障排除时，可以使用 ping 命令向配置有 IP 地址的目标网络设备发送 ICMP 回显请求，目标网络设备会返回回显应答。如果目标网络设备不能返回回显应答，则说明源网络设备和目标网络设备之间的网络链路不通，需要检查该链路。

ping 是 Windows 操作系统中集成的一个 TCP/IP 探测工具，它只能在有 TCP/IP 的网络中使用。

（1）测试 TCP/IP 配置是否正确 命令格式：ping 127.0.0.1（127.0.0.1 是回环地址）。

该命令可以测试本地计算机上的 TCP/IP 配置是否正确。一般情况下，Windows 操作系统默认已经安装 TCP/IP。如果测试环回地址不能通过，则需重新安装 TCP/IP，然后进行测试，示例如图 6-4 所示。

```
C:\Documents and Settings\xin>ping 127.0.0.1

Pinging 127.0.0.1 with 32 bytes of data:

Reply from 127.0.0.1: bytes=32 time<1ms TTL=128
Reply from 127.0.0.1: bytes=32 time<1ms TTL=128
Reply from 127.0.0.1: bytes=32 time<1ms TTL=128
Reply from 127.0.0.1: bytes=32 time<1ms TTL=128

Ping statistics for 127.0.0.1:
    Packets: Sent = 4, Received = 4, Lost = 0 (0% loss),
Approximate round trip times in milli-seconds:
    Minimum = 0ms, Maximum = 0ms, Average = 0ms
```

图 6-4　测试 TCP/IP 配置是否正确

（2）测试网络配置是否正确　命令格式：ping 本地 IP 地址。

测试本地计算机的 IP 地址，可以测试出本地计算机的网卡驱动是否正确，IP 地址设置是否正确，本地连接是否被关闭。如果能 ping 通，则说明本地计算机网络设置没有问题；如果不能正常 ping 通，则要检查本地计算机的网卡驱动是否正确，IP 地址设置是否正确，本地连接是否被关闭等问题，直到能正常 ping 通本地计算机的 IP 地址。假如本地计算机的 IP 地址是 192.168.1.2，示例如图 6-5 所示。

```
C:\Documents and Settings\xin>ping 192.168.1.2

Pinging 192.168.1.2 with 32 bytes of data:

Reply from 192.168.1.2: bytes=32 time<1ms TTL=128
Reply from 192.168.1.2: bytes=32 time<1ms TTL=128
Reply from 192.168.1.2: bytes=32 time<1ms TTL=128
Reply from 192.168.1.2: bytes=32 time<1ms TTL=128

Ping statistics for 192.168.1.2:
    Packets: Sent = 4, Received = 4, Lost = 0 (0% loss),
Approximate round trip times in milli-seconds:
    Minimum = 0ms, Maximum = 0ms, Average = 0ms
```

图 6-5　测试网络配置是否正确

（3）测试默认网关　命令格式：ping 默认网关。

默认网关是本地网络的出口，如果没有联通默认网关，则不能和外网通信。用 ping 命令测试默认网关的 IP 地址，可以验证默认网关是否运行以及默认网关能否与本地网络上的计算机通信。如果能 ping 通，则说明默认网关运行正常，本地网络的物理连接正常；如果不能 ping 通，则要检查默认网关是否正常运行，本地网络的物理连接是否正常，直到能正常 ping 通默认网关。假如默认网关的 IP 地址是 192.168.128.254，示例如图 6-6 所示。

（4）测试目标网络设备的 IP 地址　命令格式：ping 目标网络设备的 IP 地址。

本地网络一般通过路由器与外网进行连接，可以使用 ping 命令测试外网目标网络设备的 IP 地址，验证本地网络能否通过路由器与外网进行通信。如果能 ping 通，则说明路由器能正常路由；如果不能 ping 通，则说明路由器可能没有正常运行或配置错误。假如目标网络设备的 IP 地址是 192.168.100.100，示例如图 6-7 所示。

（5）测试 DNS 服务器　命令格式：ping 域名地址。

DNS 服务器是负责将域名（网址）转换成 IP 地址的，可以使用 ping 命令验证 DNS 的配置是否正确以及 DNS 服务器是否正常工作。如果能 ping 通，则说明本地的 DNS 配置正确且 DNS 服务器也正常工作，可以正常上网浏览网页；如果不能 ping 通，则说明本地的 DNS 配置不正确或 DNS 服务器没有正常工作。示例如图 6-8 所示。

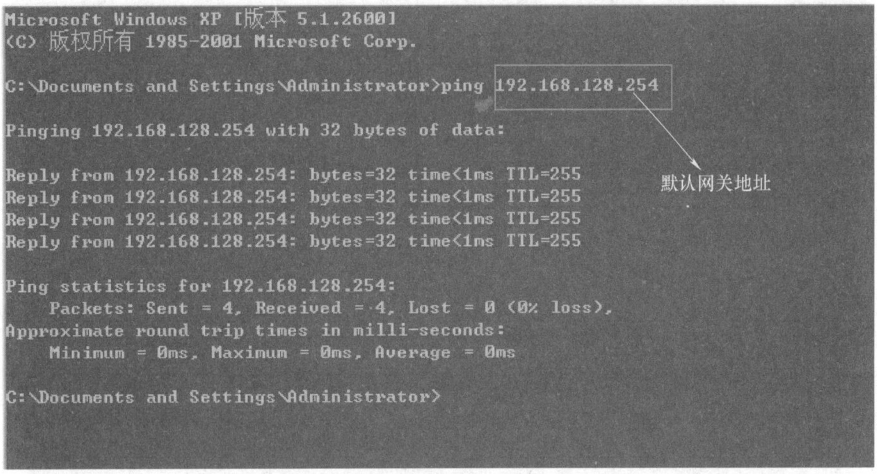

图 6-6　测试默认网关

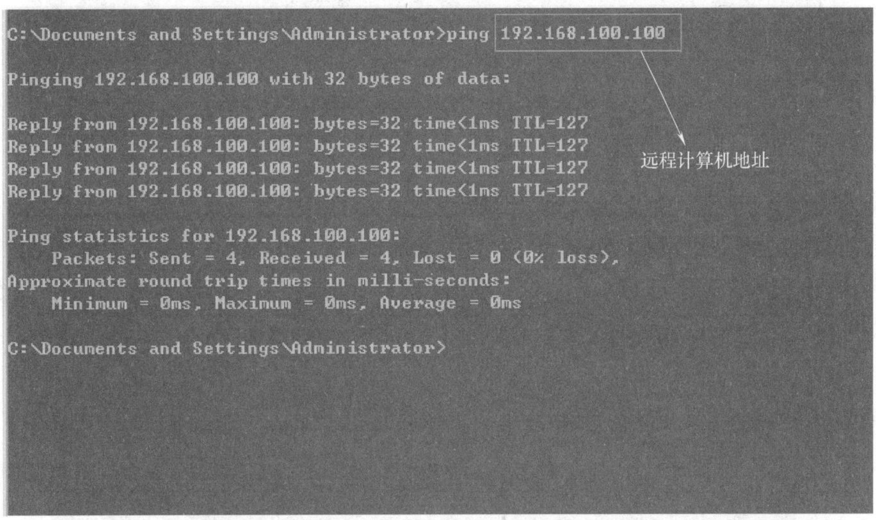

图 6-7　测试目标网络设备的 IP 地址

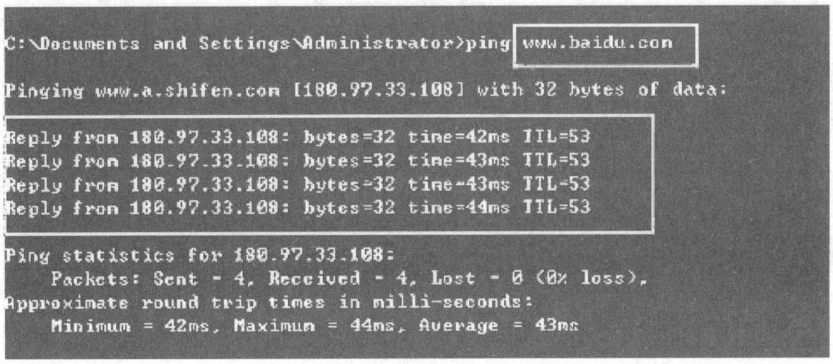

图 6-8　测试 DNS 服务器

（6）测试网络速度、网络对数据包的处理能力及丢包率 命令格式：ping n 数据包的个数 目标 IP 地址。

默认情况下，ping 命令只发送四个数据包，为了测试网络速度，可以使用"-n"参数自定义发送数据包的数量。例如想测试发送十个数据包的返回的平均时间为多少，最快时间为多少，最慢时间为多少，示例如图 6-9 所示。

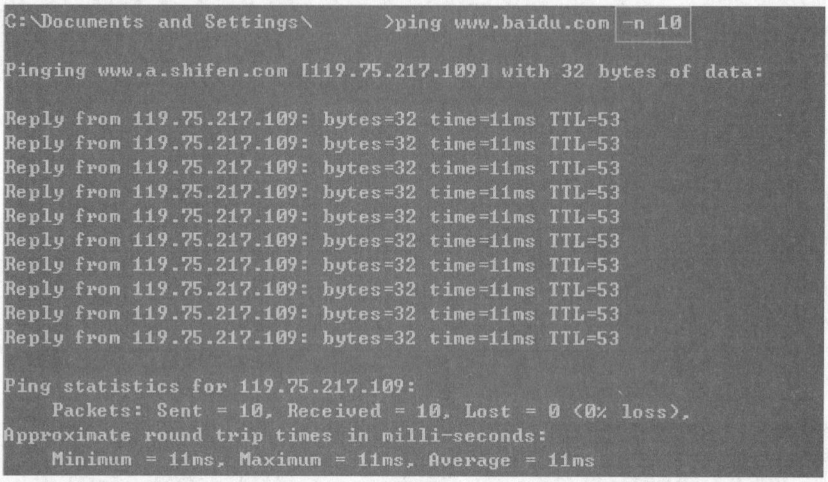

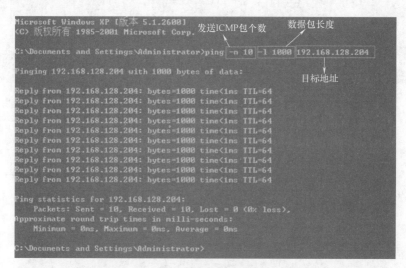

图 6-9 测试网络速度

命令格式：ping-l 数据包的大小 目标 IP 地址。

默认情况下，ping 命令发送的每个数据包的大小都为 32 字节，可以用"-l"参数自定义发送数据包的大小。该参数经常与"-n"参数联合使用，来测试网络对数据包的处理能力。假如要给 IP 地址为 192.168.128.204 的主机发送十个数据包，且每个数据包的大小为 1000字节，示例如图 6-10 所示。

图 6-10 测试网络对数据包的处理能力

命令格式：ping-t 目标 IP 地址。

在测试网络数据的处理能力时，常用的还有"-t"参数。该命令可以一直 ping，只有按下 Ctrl+C 组合键才能停止。根据测试结果中的丢包率、响应时间，可以分析网络的数据处理能力，进而判断网络故障。示例如图 6-11 所示。

```
C:\Documents and Settings\xin>ping -t 192.168.1.2

Pinging 192.168.1.2 with 32 bytes of data:

Reply from 192.168.1.2: bytes=32 time<1ms TTL=128
Reply from 192.168.1.2: bytes=32 time<1ms TTL=128
Reply from 192.168.1.2: bytes=32 time<1ms TTL=128
Reply from 192.168.1.2: bytes=32 time<1ms TTL=128
Reply from 192.168.1.2: bytes=32 time<1ms TTL=128
Reply from 192.168.1.2: bytes=32 time<1ms TTL=128
Reply from 192.168.1.2: bytes=32 time<1ms TTL=128
Reply from 192.168.1.2: bytes=32 time<1ms TTL=128
Reply from 192.168.1.2: bytes=32 time<1ms TTL=128
Reply from 192.168.1.2: bytes=32 time<1ms TTL=128

Ping statistics for 192.168.1.2:
    Packets: Sent = 11, Received = 11, Lost = 0 (0% loss),
Approximate round trip times in milli-seconds:
    Minimum = 0ms, Maximum = 0ms, Average = 0ms
Control-C
```

图 6-11　测试网络的丢包率

3. arp 命令

地址解析协议（ARP）用于建立 IP 地址和 MAC 地址之间的映射关系。如果 IP 地址和 MAC 地址的映射关系出错，就会造成用户不能相互访问。这时可以用 arp 命令查看及解决，IP 地址和对应的 MAC 地址存放在地址解析协议（ARP）缓存的项目中，arp 命令可以显示和修改。

（1）查看 ARP 缓存表　命令格式：arp-a。

IP 地址和 MAC 地址的对应关系存放在高速缓存中，使用该命令可以查看，示例如图 6-12 所示。

```
C:\Documents and Settings\xin>arp -a

Interface: 192.168.1.2 --- 0x10003
  Internet Address        Physical Address       Type
  192.168.1.1             00-1d-60-5e-43-b2      dynamic
  192.168.1.3             00-00-00-00-01-fe      dynamic
  192.168.200.1           00-10-c6-11-8f-3a      dynamic
```

图 6-12　查看 ARP 缓存表

（2）添加静态 ARP 缓存表项　命令格式：arp-s IP 地址 MAC 地址。

ARP 采用广播的方式实现 IP 地址和 MAC 地址的映射，可以采用静态 ARP 缓存项目，用手工的方式添加 ARP 缓存条目。比如为了防止 ARP 病毒篡改网关的 IP 地址和网关的 MAC 地址的对应关系而导致的不能上外网的问题，就可以使用添加静态的网关 IP 地址和对应 MAC 地址的映射关系。假如网关的 IP 地址为 192.168.1.254，MAC 地址为 AA-AA-AA-AA-AA-AA，示例如图 6-13 所示。

```
C:\Users\Administrator>arp -s 192.168.1.254 AA-AA-AA-AA-AA-AA

C:\Users\Administrator>arp -a
  Internet 地址          物理地址              类型
  192.168.1.254         aa-aa-aa-aa-aa-aa     静态
```

图 6-13　添加静态 ARP 缓存表项

注：这种方式只能实现临时性 IP 地址和 MAC 地址之间的绑定，重启系统后绑定失效。

（3）删除静态 ARP 缓存表项　命令格式：arp -d IP 地址。

要删除添加的静态 ARP 缓存项目，需要使用"-d"参数，示例如图 6-14 所示。

```
C:\Users\Administrator>arp -d 192.168.1.254

C:\Users\Administrator>arp -a
  Internet 地址          物理地址              类型
  192.168.1.1           4c-d0-cb-e4-18-fe     动态
```

图 6-14　删除静态 ARP 缓存表项

4. tracert 命令

tracert 命令用于跟踪数据报到达目的端所经过的路径。通过向目标发送不同 IP 生存时间（TTL）值的 ICMP 回应数据包，可以确定到目标所采取的路由，进而帮助确定哪个中间路由器转发失败或耗时太多。

命令格式：tracert IP 地址 / 域名。

下面以在思科的网络仿真软件 Packet Tracer 中使用 tracert 命令为例。拓扑结构如图 6-15 所示，在 PC1 上使用 tracert 命令，跟踪到 PC0 目标主机的路由如图 6-16 所示。

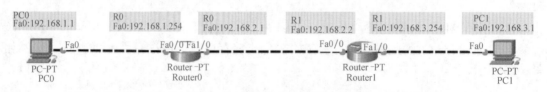

图 6-15　拓扑结构

```
PC>tracert 192.168.1.1

Tracing route to 192.168.1.1 over a maximum of 30 hops:

  1    0 ms      0 ms      0 ms      192.168.3.254
  2    0 ms      0 ms      0 ms      192.168.2.1
  3    1 ms      0 ms      0 ms      192.168.1.1

Trace complete.
```

图 6-16　tracert 命令跟踪路由

5. nslookup 命令

nslookup 命令是查询域名信息的一个非常有用的命令，在已安装 TCP/IP 的计算机上均可以使用这个命令。nslookup 命令主要用来诊断域名系统（DNS）基础结构的信息，查询任何一个域名和其对应的 IP 地址。

命令格式：nslookup 域名 /IP 地址。

例如，查找域名为 www.abc.com 对应的 IP 地址，如图 6-17 所示。

```
C:\Users\Administrator>nslookup www.abc.com
服务器:  localhost
Address:  127.0.0.1

名称:    www.abc.com
Address:  192.168.1.23
```

图 6-17　nslookup 查询域名对应的 IP 地址

6. netstat 命令

netstat 命令是一个监控 TCP/IP 网络的实用工具。netstat 用于显示与 IP、TCP、UDP 和 ICMP 相关的统计数据，一般用于检验本机各端口的网络连接情况。

（1）显示以太网统计信息　命令格式：netstat-e。

netstat 命令的“-e”参数可以显示以太网的统计信息，如发送和接收的字节数、数据包数、错误数据包和广播的数量等。了解网络工作的状况和网络整体流量，对于解决网络拥塞很重要，如图 6-18 所示。

```
C:\Documents and Settings\xin>netstat -e
Interface Statistics

                           Received            Sent

Bytes                     146030314         1797313
Unicast packets               28777           28637
Non-unicast packets           77450            4224
Discards                          0               0
Errors                            0               0
Unknown protocols            211053
```

图 6-18　netstat 命令显示以太网统计信息

（2）显示所有有效连接　命令格式：netstat-a。

netstat 命令的“-a”参数可以显示所有活动的 TCP、UDP 连接，以及计算机侦听的 TCP 和 UDP 端口，包括已建立的连接（ESTABLISHED）、连接请求（LISTENING）、断开的连接（CLOSE_WAIT）或处于联机等待状态（TIME_WAIT）等，如图 6-19 所示。通过这

```
C:\>netstat -a

Active Connections

  Proto  Local Address          Foreign Address        State
  TCP    WWW-1C6535C8E32:epmap  WWW-1C6535C8E32:0      LISTENING
  TCP    WWW-1C6535C8E32:microsoft-ds  WWW-1C6535C8E32:0      LISTENING
  TCP    WWW-1C6535C8E32:1027   WWW-1C6535C8E32:0      LISTENING
  TCP    WWW-1C6535C8E32:2080   WWW-1C6535C8E32:0      LISTENING
  TCP    WWW-1C6535C8E32:6059   WWW-1C6535C8E32:0      LISTENING
  TCP    WWW-1C6535C8E32:1025   localhost:1026         ESTABLISHED
  TCP    WWW-1C6535C8E32:1026   localhost:1025         ESTABLISHED
  TCP    WWW-1C6535C8E32:1031   WWW-1C6535C8E32:0      LISTENING
  TCP    WWW-1C6535C8E32:1515   localhost:1027         CLOSE_WAIT
```

图 6-19　netstat 命令显示所有有效连接

些信息可以了解网络的连接状况，还可以发现木马，及时对木马进行查杀，特别是对不明的IP 地址连接和状态是“TIME_WAIT”的连接要特别关注。

7. route 命令

route 命令主要用来管理本机路由表，可以查看、添加、修改或删除路由表条目。可以用该命令对路由表进行维护，解决网络路由问题，是网络维护、网络故障解除常用的命令。

（1）查看本机路由表　命令格式：route print。

该命令可以显示本机路由表的完整信息，可以通过观察路由表的信息来判断网络路由故障，例如网关的设置是否正确，通过观察、判断进一步解决网络路由问题，如图 6-20 所示。

```
C:\>route print
===========================================================================
接口列表
 11...fc aa 14 d7 e0 de ......Realtek PCIe GBE Family Controller
  1...........................Software Loopback Interface 1
===========================================================================

IPv4 路由表
===========================================================================
活动路由:
网络目标        网络掩码          网关       接口   跃点数
          0.0.0.0          0.0.0.0      192.168.1.254     192.168.1.63    266
        127.0.0.0        255.0.0.0            在链路上         127.0.0.1    306
        127.0.0.1  255.255.255.255            在链路上         127.0.0.1    306
  127.255.255.255  255.255.255.255            在链路上         127.0.0.1    306
      192.168.1.0    255.255.255.0            在链路上      192.168.1.63    266
     192.168.1.63  255.255.255.255            在链路上      192.168.1.63    266
    192.168.1.255  255.255.255.255            在链路上      192.168.1.63    266
        224.0.0.0        240.0.0.0            在链路上         127.0.0.1    306
        224.0.0.0        240.0.0.0            在链路上      192.168.1.63    266
  255.255.255.255  255.255.255.255            在链路上         127.0.0.1    306
  255.255.255.255  255.255.255.255            在链路上      192.168.1.63    266
===========================================================================
永久路由:
  网络地址          网络掩码  网关地址  跃点数
          0.0.0.0          0.0.0.0      192.168.1.254     默认
===========================================================================
```

图 6-20　route 命令查看本机路由表

（2）修改路由表项　命令格式：route change 主机号/网络号 mask 子网掩码 接口IP 地址。

该命令可以修改本地路由，如本机的默认路由，如图 6-21 所示。

```
C:\Users\Administrator>route change 0.0.0.0 mask 0.0.0.0 192.168.1.10
 操作完成!
```

图 6-21　route 命令修改本机路由表项

（3）添加路由表项　命令格式：route delete 主机号 / 网络号。

该命令可以添加路由表项，示例如图 6-22 所示。有时需要手工维护路由表，添加默认路由，就可以使用该命令。

```
C:\Users\Administrator>route add 10.41.0.0 mask 255.255.0.0 10.27.0.1
 操作完成!
```

图 6-22　route 命令添加本机路由表项

（4）删除路由表项　命令格式：route delete 主机号 / 网络号。

该命令可以删除路由表项，示例如图 6-23 所示。当路由表中有错误时，可能会导致用户不能上网。为了解决这个问题，用户可以将错误的路由删除。

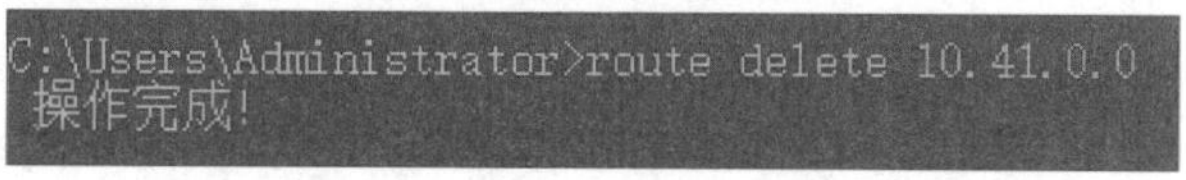

```
C:\Users\Administrator>route delete 10.41.0.0
操作完成！
```

图 6-23　route 命令删除本机路由表项

6.3　常见网络故障解决方法

6.3.1　网络故障诊断的步骤

网络故障诊断应该沿着 TCP/IP 体系结构从网络接口层开始向上进行诊断。首先检查网络接口层，然后检查网际层、传输层和应用层，确定网络故障所在的层有利于网络故障的排除。

网络诊断可以借助各种网络检测工具和检测命令，如网线测试仪、光纤测试仪、网络协议分析仪、网络故障检测命令等。

下面介绍网络故障诊断的一般步骤。

1. 弄清网络故障现象

要对网络问题和故障现象进行详细的描述，这是成功排除网络故障最重要的步骤。例如，浏览器不能打开外网的网页，但是可以访问内网的网站。

2. 收集故障相关信息

一方面向用户或网络管理员询问故障有关的问题，另一方面利用网络检测工具和检测命令收集相关信息。

3. 分析故障可能原因

根据网络检测工具和检测命令检测到的结果，再结合网络知识和经验分析出导致网络故障的原因。

4. 制订故障诊断计划

对列出的可能导致网络故障的所有原因采用相应的网络故障排除方法，制订故障诊断计划。

5. 逐一排查故障原因

按照已经制订好的故障诊断计划，采用对应的网络故障排除方法来逐项排查。

6. 观察故障排查结果

每排查一项故障原因都要认真观察，查看问题是否已经解决。如果没有解决，则需要还原到更改之前的状态，然后继续排查。

7. 建立故障排除文档

如果按照故障诊断计划排查后解决了问题，则需要建立故障排除文档，记录故障的原因，总结经验，并分析网络是否存在潜在的问题，是否需要优化。如果问题没有解决，则需要回到第 3 步，分析其他可能导致故障的原因，循环排查，直到问题解决。

网络故障的诊断往往比较复杂。比起一些系统软硬件故障，它还有一个空间的跨度需要克服。在诊断时，应本着先软件后硬件、由近及远的原则，利用逐一排除法及替换法分别进行排查。

网络故障排除案例：

某公司有三个局域网，其中，192.168.30.0 为一个用户网段，192.168.20.254 为一个日志服务器，192.168.10.0 是一个集中了很多应用服务器的网段。某用户网段广播数据报过多造成该网段的服务器 FTP 业务传输速度变慢，网络结构如图 6-24 所示。

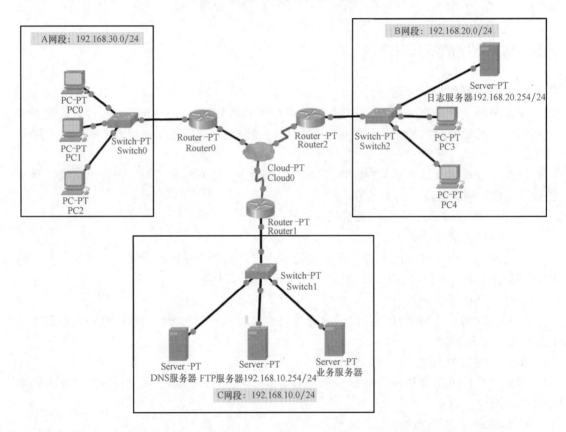

图 6-24 用户网段广播数据报过多造成该网段的服务器 FTP 业务传输速度慢的网络结构

（1）弄清网络故障现象 故障现象：在网络的高峰期，日志服务器 192.168.20.254 到 FTP 服务器（备份服务器）192.168.10.254 进行备份时，FTP 传输速度很慢，大约只有 0.6Mbit/s。

（2）收集故障相关信息 通过向用户了解和网络测试收集到相关信息：最近 192.168.20.0/24 网段的客户机不断在增加；192.168.30.0/24 网段的机器与 FTP 服务器间进行 FTP 传输时速度正常，为 7Mbit/s，与日志服务器间进行 FTP 传输时速度慢，只有 0.6Mbit/s；在非高峰期，日志服务器和备份服务器间的 FTP 传输速度正常，大约为 6Mbit/s。

（3）分析故障可能原因 通过对收集到的数据进行分析，结合网络知识和故障排除经验确定是网段 192.168.20.0/24 的性能问题。因为 FTP 服务器与 192.168.30.0/24 网段的网络传输是正常的，而且非高峰期与日志服务器的网络传输也是正常的，证明 FTP 服务器所在的网段应该没有问题，所以怀疑是 192.168.20.0/24 网段性能出了问题。

可能的原因如下：

原因 1：日志服务器性能有问题。

原因 2：192.168.20.0/24 网段的网关性能有问题。

原因 3：路由器上的路由设置有问题。

原因 4：192.168.20.0/24 网段本身性能有问题。

（4）制订故障诊断计划

原因 1：日志服务器性能有问题。

诊断方案：测试同一网段的主机 C 和日志服务器间的网络传输是否正常。

原因 2：192.168.20.0/24 网段的网关性能有问题。

诊断方案：测试同一网段主机 C 和 FTP 服务器间的网络传输是否正常。

原因 3：路由器上的路由设置有问题。

诊断方案：在路由器上使用命令跟踪网关到 FTP 服务器的路由，观察结果。

原因 4：192.168.20.0/24 网段本身性能有问题。

诊断方案：在网段 192.168.20.0/24 的以太网交换机上用命令查看进出本网络接口的统计信息。

（5）逐一排查故障原因

原因 1：日志服务器性能有问题。

排查结果：在同一网段的主机 C 上使用 ping 命令测试和日志服务器之间的传输速度为 6Mbit/s，属于正常。所以日志服务器性能没有问题，原因 1 被排除。

原因 2：192.168.20.0/24 网段的网关性能有问题。

排查结果：在同一网段的主机 C 上使用 ping 命测试和 FTP 服务器之间传输速度是 7Mbit/s，属于正常。所以 192.168.20.0/24 网段的网关性能没有问题，原因 2 被排除。

原因 3：路由器上的路由设置有问题。

排查结果：在路由器上使用命令 Traceroute 192.168.20.254，发现探测报文返回时长仅为 10ms。所以路由器上的路由设置没有问题，原因 3 被排除。

原因 4：192.168.20.0/24 网段本身性能有问题。

排查结果：在网段 192.168.20.0/24 的以太网交换机上使用命令 show interfaces 查看和路由器连接接口的统计信息。输出如下：

```
Interface : Fa0/1
5 minute input rate  : 4800 bits/sec , 4 packets/sec
5 minute output rate : 55936 bits/sec , 5 packets/sec
InOctets              : 32533624
InUcastPkts           : 390531
InMulticastPkts       : 39
InBroadcastPkts       : 13164
OutOctets             : 32126341
OutUcastPkts          : 33133
OutMulticastPkts      : 1840
OutBroadcastPkts      : 12611
```

广播与单播的比例在 1 ∶ 3，显然太大了。

由此知道，网段 192.168.20.0/24 上的广播数据报和单播数据报比例为 1 ∶ 3，确实太大了。由于业务原因，每个用户需要发送大量广播数据报和多播数据报，随着近期越来越多的用户接入该网络，这个网段上的服务器需要花费更多的资源来处理越来越多的广播数据报和多播数据报，因此其服务的传输速度自然减慢。

（6）观察故障排查结果　这是一个网络布局不恰当的问题，于是重新安排服务器的位置，将服务器移动到 192.168.10.0/24 网段后，故障即可排除。

（7）建立故障排除文档　按照上述过程建立故障排除文档，记录网络故障现象、收集的相关信息、网络的拓扑结构图、故障的所有可能原因、故障诊断方案，总结故障排除的经验。

6.3.2　网络故障排除方法

1. 分层故障排除法

网络技术和故障一般都与 OSI 参考模型是密切相关的，所以要有层次化的网络故障分析思想。

只有当 OSI 模型的低层正常工作时，高层才能正常工作。例如，两个远程端点的路由之间常发生间歇性中断。从表象看像是路由协议出了问题，但是对路由协议进行了大量故障诊断和配置后，问题仍然没有解决。其实是物理层的连接出现了问题，如果不从 OSI 模型的底层逐步向上层排查故障，就会耽误时间，而且不能彻底解决问题。

物理层的任务通过传输介质提供网络设备之间的物理连接。物理层的故障一般涉及传输介质和接口。

数据链路层的任务是将传输介质接入网络，并把二进制数据封装成帧。数据链路层的故障常发生在交换机的接口或路由器的接口。通常使用 Show interface 命令查看接口的状态，如果接口和协议均为 up，则数据链路层一般工作正常；如果接口为 up 而协议为 down，那么数据链路层就存在故障。链路的利用率也和数据链路层有关，接口和协议都正常，但链路带宽如果被过度使用，则会引起间歇性的连接失败或网络性能的下降。

网络层的任务是实现数据的分段与重组以及差错报告，最重要的是负责为数据选择最佳的传输路径。IP 地址和子网掩码配置错误是引起网络层故障的常见原因。另外，路由协议也是排错重点关注的内容。

2. 分段故障排除法

分段故障排除法是将整个通信链路分成几段，根据提供的故障信息，本着由近至远、先软件后硬件的检测原则，逐步排查，缩小范围，展开有针对性的排除。

（1）查看网络配置　检查通信的源端和目的端，先在主机上通过网络测试命令 ping 127.0.0.1 查看能否 ping 通，如果能 ping 通，证明 TCP/IP 没有问题。再运行 ipconfig 命令，查看 IP 地址和子网掩码的配置是否正确，IP 地址是否存在重复的问题。如果是动态分配的 IP 地址，就要查看是否获取了 IP 地址。例如，169.254 开头的 IP 地址标明没有获取 IP 地址。

（2）测试网关　网关是网络的进出口，是网络的大门。如果网关设置错了或出现故障，那么本地网络就无法和外网通信。可以通过 ipconfig 命令查看本地主机上配置的网关地址，然后用 ping 命令测试主机与网关是否能联通。如果不能联通，则需要检查网关地址配置是否正确，网关所在的路由器接口是否正常。

（3）跟踪网络路径　当网关没有问题但又无法与目的主机通信时，就需要考虑路由的问题。在主机上用 tracert 命令，可以显示数据包从源端到目的端所经过的网络路径。当显示中间某个跃点不可达时，说明路由设置存在问题。注意，如果某些跃点显示为"请求超时"，则不用担心，一般是将主机配置为不响应 ICMP 消息而导致的。

（4）测试目的端　通过 ping 命令测试本地主机和目的主机的联通性。如果能 ping 通，说明网络连接正常，可以通信。如果 ping 不通，则可能是目的主机的配置有问题。如果目的主机是服务器，如 Web 服务器，则可能是服务器发生故障或停止服务了。

本章小结

本章介绍了网络故障的原因、影响和分类、网络故障的检测工具，并详细介绍了常用检测命令的使用方法，最后结合案例介绍了常见网络故障的解决方法。通过学习本章知识，学生应掌握常见网络故障的诊断和排除方法，为今后的工作奠定基础。

思考与练习

一、选择题

1. 排查网络故障的过程中，_____步骤需要向用户询问，以便了解网络故障。

A. 界定故障现象　　　　　　　　　　　B. 排查原因

C. 收集信息　　　　　　　　　　　　　D. 列举可能导致故障的原因

2. 下列_____命令可以测试 TCP/IP 安装是否正确。

A. ipconfig 127.0.0.1　　　　　　　　　B. ping 127.0.0.1

C. arp 127.0.0.1　　　　　　　　　　　D. route 127.0.0.1

3. DHCP 服务是_____分配 IP 地址的。

A. 动态　　　　　　B. 静态　　　　　　C. 两者皆可　　　　　　D. 以上都不是

4. ipconfig /all 命令的作用是_____。

A. 更新 IP 地址　　　　　　　　　　　B. 清除 IP 地址

C. 显示路由　　　　　　　　　　　　　D. 查看所有 IP 地址的配置情况

5. 如果计算机能够 ping 通目的主机，但是不能实现远程登录，可能的原因是_____。

A. 子网掩码配置错误　　　　　　　　　B. IP 地址配置错误

C. 上层功能出错　　　　　　　　　　　D. 网卡故障

6. 下面_____是网络检测工具。

A. 时域反射计　　　　　　　　　　　　B. 高级电缆检测器

C. 数字电压表　　　　　　　　　　　　D. 网络测试仪

7. 下面_____命令可查看主机的路由表。

A. route print　　　　B. netstat -a　　　　C. arp -a　　　　　　D. route change

8. tracert 155.12.101.2 命令的作用是_____。

A. 测试网络联通性　　　　　　　　　　B. 查看网络状态

C. 跟踪路由　　　　　　　　　　　　　D. 以上都不是

9. 查看路由器接口的统计信息，用以下_____命令。

A. netstat-r   B. show interface   C. netstat-e   D. netstat-a

10. 实现 IP 地址和 MAC 地址对应关系的协议是_____。

A. ICMP   B. ARP   C. RARP   D. IGMP

二、简答题

1. 网络故障诊断的一般步骤是什么？

2. 使用分段故障排除法如何排除故障？

3. 为什么要建立故障排除文档？

4. 计算机无法上网时，如何检查网关有没有问题？

5. 当计算机中了 ARP 病毒而导致无法上网时，如何用网络命令解决？

第7章
网络操作系统和网络管理

网络操作系统是构建计算机网络的核心和基础。要配置和管理好网络，发挥网络的优势，必须合理地选择网络操作系统。本章主要介绍网络操作系统的概念、特点和功能，三种主流的网络操作系统，以及网络管理的相关知识。

7.1 网络操作系统概述

7.1.1 网络操作系统的概念和特点

1. 网络操作系统的概念

网络操作系统（Network Operation System，NOS）是向联网计算机提供网络通信和资源共享功能的操作系统，是负责管理网络资源和方便网络用户使用的软件的集合。网络操作系统是网络环境下用户与网络资源之间的接口，用于实现对网络资源的管理、控制和使用。

2. 网络操作系统的特点

一个典型的网络操作系统一般具有以下特点：

（1）采用客户机/服务器模式 客户机/服务器（Client/Server）模式把应用划分为客户端和服务器端。客户端把服务请求提交给服务器端；服务器端负责处理请求，并把处理的结果返回至客户端。

（2）抢先式多任务 网络操作系统一般采用微内核类型结构设计，微内核始终保持对系统的控制，并给应用程序分配时间段使其运行。在指定的时间结束时，微内核抢先运行进程并将控制移交给下一个进程。

（3）支持多种文件系统 网络操作系统还支持多文件系统，以实现对系统升级的平滑过渡和良好的兼容性。

（4）高可靠性 网络操作系统是运行在网络核心设备（如服务器）上的指挥和管理网络的软件，它必须具有高可靠性，保证系统可以不间断工作，并提供完整的服务。

（5）开放性 网络操作系统必须支持标准化的通信协议（如 TCP/IP、NetBEUI 等）和应用协议（如 HTTP、SMTP、SNMP 等），支持与多种客户端操作系统平台的连接。

（6）图形化界面（Graphical User Interfaces，GUI） 网络操作系统为提供用户丰富的界面功能，具有多种网络控制方式。良好的图形界面可以简化用户的管理，为用户提供直观、美观、便捷的操作接口。

（7）高安全性 网络操作系统的安全性非常重要，它控制用户访问，保证系统的安全性和提供可靠的保密方式，具备较高的安全和存取控制能力。

（8）Internet 支持 各品牌网络操作系统均集成了许多标准化应用，如 Web 服务、FTP 服务、网络管理服务等，甚至 E-mail（如 Linux 的 Send mail）也集成在操作系统中。

7.1.2 网络操作系统的功能

网络操作系统是网络用户与计算机网络之间的接口。最早，网络操作系统只能算是一个最基本的文件系统。在这样的网络操作系统中，网上各站点之间的互访能力非常有限，用户只能进行有限的数据传输，或运行一些专门的应用，如电子邮件等，这些远远满足不了用户的需要。而当今的网络操作系统已经发展到比较成熟的地步。从体系结构来看，当今的网络操作系统具有所有操作系统的功能，如任务管理、缓冲区管理、文件管理、打印机等外设管理。从操作系统的观点来看，网络操作系统大多是围绕核心调度的多用户共享资源的操作系统。从网络的观点来看，网络操作系统独立于网络的拓扑结构。

网络操作系统功能通常包括处理机管理、存储器管理、设备管理、文件系统管理，以及为了方便用户使用操作系统向用户提供的用户接口，网络环境下的通信、网络资源管理、网络应用等特定功能。此外还有：

1）文件服务（File Service）。文件服务是网络操作系统中最重要与最基本的网络服务功能。文件服务器以集中方式管理共享文件，网络工作站可以根据所规定的权限对文件进行读、写以及其他各种操作，文件服务器为网络用户的文件安全与保密提供必需的控制方法。

2）打印服务（Print Service）。打印服务也是网络操作系统提供的最基本的网络服务功能，共享打印服务可以通过设置专门的打印服务器完成，或由工作站兼任，也可以由文件服务器担任。通过打印服务功能，局域网中可以设置一台或几台打印机，网络用户就可以远程共享网络打印机。打印服务实现对用户打印请求的接收、打印格式的说明、打印机的配置、打印队列的管理等功能。网络打印服务在接收用户打印请求后，本着先到先服务的原则，将多用户需要打印的文件排队，用排队队列管理用户打印任务。

3）数据库服务（Database Service）。随着 Netware 的广泛应用，网络数据库服务变得越来越重要了。选择适当的网络数据库软件，依照 Client/Server 工作模式，开发出客户端与服务器端数据库应用程序，这样客户端就可以使用结构化查询语言（SQL）向数据库服务器发送查询请求，服务器进行查询后将查询结果传送到客户端。Client/Server 优化了网络系统的协同操作模式，有效地改善了网络应用系统性能。

4）通信服务（Communication Service）。局域网内提供的通信服务主要有工作站与工作站之间的对等通信、工作站与主机之间的通信服务等功能。

5）信息服务（Message Service）。可以通过存储转发方式或对等的点到点通信方式完成电子邮件服务，并已经进一步发展了文本文件、二进制数据文件，以及图像、数字视频与语音数据的同步传输服务。

6）分布式服务（Distributed Service）。网络操作系统为支持分布式服务功能，提出了一种新的网络资源管理机制，即分布式目录服务。它将分布在不同地理位置的互联局域网中的资源组织在一个全局性的、可复制的分布数据库中，网中多个服务器都有该数据库的副本，用户在一个工作站上注册，便可与多个服务器连接。对于用户来说，一个局域网系统中分布在不同位置的多个服务器资源都是透明的，用户可以用简单的方法去访问一个大型互联局域网系统。

7）网络管理服务（Network Management Service）。网络操作系统提供了丰富的网络管理服务工具，可以提供网络性能分析、网络状态监控、存储管理等多种管理服务。

8）Internet/Intranet 服务（Internet/Intranet Service）。为适应 Internet 与 Intranet 的应用，

网络操作系统基本都支持 TCP/IP，提供各种 Internet 服务，支持 Java 应用开发工具，使服务器很容易地成为 Web Server，全面支持 Internet 与 Intranet 访问。

7.2 典型的网络操作系统

7.2.1 UNIX 网络操作系统

1. UNIX 的产生与发展

UNIX 系统是美国麻省理工学院（MIT）在 1965 年开始开发的分时操作系统 Multics 的基础上不断演变而来的。它原是 MIT 和贝尔实验室等单位为美国国防部研制的，虽然 Multics 系统最终未能达到原定的设计目标，但它却是分时操作系统的发展，特别是对 UNIX 系统的形成具有很大的影响。贝尔实验室的系统程序设计员汤普逊（Ken Thompson）和里奇（Dennis Ritchie）于 1969 年在 PDP-7 上成功地开发了 16 位微机操作系统。该系统继承了 Multics 文本系统的树形结构、Shell 命令语言和面向过程的结构化程序设计方法，以及采用高级语言编写操作系统等特点。其实，UNIX 中的 UNI 正好与 Multics 对照，而 X 则与 cs 谐音。

1972 年，UNIX 系统开始移植到 PDP-11 系列机上运行，然后出现了运行在类似于 370 的 32 位机、VAX-11/780 计算机的版本。1983 年，AT&T 推出 UNIX System V 和几种微处理机上的 UNIX 操作系统，而伯克利分校公布了 BSD 4.2 版本。1986 年，UNIX System V 又发展为改进版 Res 2.1 和 Res 3.0，而 BSD 4.2 升级为 BSD 4.3。

美国 EEE 组织成立 POSIX 委员会专门进行 UNIX 标准化方面的工作。同时，以 AT&T 和 Sum Micro System 等公司为代表的 UI（UNIX International）和以 DEC、IBM 等公司为代表的 OSF（Open Software Foundation）组织，也开始了这方面的标准化研究工作，这些公司在 UNIX 的开发工作上虽然不同，却制定出了统一的 UNIX 标准。

2. UNIX 的特点

早期 UNIX 的主要特色是结构简单、便于移植和功能相对强大。经过多年的发展和进化，形成了一些极为重要的特色，其中主要包括以下几点。

（1）技术成熟，可靠性高 经过几十年开放式道路的发展，UNIX 的一些基本技术已变得十分成熟，有的已成为各类操作系统的常用技术。实践表明，UNIX 是能达到主机可靠性要求的少数操作系统之一。目前，许多 UNIX 主机和服务器正在国内外的大型企业中全年不间断地运行。

（2）极强的伸缩性 UNIX 系统是世界上唯一能在笔记本计算机、台式机、工作站直至巨型机上运行的操作系统，而且能在所有主要体系结构上运行。至今为止，世界上没有第二个操作系统能做到这点。此外，由于 UNIX 系统能很好地支持 SMP MPP 和 Cluster 等技术，使其可伸缩性又有了很大的增强。

（3）网络功能强 网络功能强是 UNIX 系统的又一重要特色，TCP/IP 就是在 UNIX 上开发和发展起来的。TCP/IP 是所有 UNIX 系统不可分割的组成部分。因此，UNIX 服务器在 Internet 服务器中占 70% 以上，具有绝对优势。此外，UNIX 还支持所有常用的网络通信协议，包括 NFS、DCE、IPX/SPX、SLIP 等，使得 UNIX 系统能方便地与已有的主机系统以及各种广域网和局域网相连接，这也是 UNIX 具有出色的互操作性的根本原因。

（4）强大的数据库支持能力　由于 UNIX 具有强大的支持数据库的能力和良好的开发环境，故多年来，所有主要数据库厂商，包括 Oracle、Informix、Sybase、Progress 等，都把 UNIX 作为主要的数据库开发和运行平台。

（5）开发功能强　UNIX 系统从一开始就为软件开发人员提供了丰富的开发工具，成为工程工作站首选的操作系统和开发环境。可以说，工程工作站的出现和成长与 UNIX 是分不开的。迄今为止，UNIX 工作站仍是软件开发厂商和工程研究设计部门的主要工作平台。具有重大意义的软件的开发、新技术的出现几乎都在 UNIX 上，如 TCP/IP 等。

（6）开放性好　开放性是 UNIX 最重要的本质特征。开放系统概念的形成与 UNIX 是密不可分的。UNIX 是开放系统的先驱和代表。UNIX 主要用于大型网络中，是 Internet 上应用最广泛的操作系统之一，一般用于各种高端服务器中，许多 ISP 节点也使用 UNIX 操作系统。但由于 UNIX 不易被用户掌握，因此在中小型网络上的使用相对较少。

7.2.2　Linux 网络操作系统

1. Linux 的产生与发展

UNIX 产生较早，应用也很广泛，但它主要运行在工作站、小型机及大型机上。虽然也有运行在普及的微机上的版本，但该版本提供的服务远不及它在工作站、小型机及大型机上提供的服务多，而且商业化的 UNIX 价格昂贵。正是在这种情况下，Linux 应运而生，成为人们广泛接受的类 UNIX 式的操作系统。

Linux 操作系统是由芬兰赫尔辛基大学的 Linus Torvalds 于 1991 年开始开发的，并在网上免费发行。Linux 的开发得到了 Internet 上很多 UNIX 程序员和爱好者的帮助，大部分 Linux 上用到的软件来源于美国的 GUN 工程及免费软件基金会。Linux 操作系统从一开始就是一个编程爱好者的系统。它的出发点在于核心程序的开发，而不是对用户系统的支持。由于其结果清晰，功能简捷，再加上源代码公开，因此各大专院校和科研机构纷纷将其作为研究和学习的对象，共同开发，不断使其完善。目前，Linux 已成为一个稳定可靠、功能完善的操作系统，并且具有很多的应用程序。

因此，可以这样说，Linux 是一个遵循 POSI（Portable Operating System Interface）标准的免费使用和自由传播的类 UNIX 操作系统，主要工作在 Intel x86 计算机上。Linux 取得成功的因素主要有以下 3 点：

1）良好的开放性。Linux 及生成工具的源代码可以通过 Internet 免费获得，在遵循 GPL（General Public License）的条件下，厂商和个人可以进行修改，以适应自己的应用环境和需求。

2）Internet 的普及使 Linux 的开发者能进行高效、快捷的交流，为 Linux 创造了一个优良的分布式开发环境。

3）Linux 具有很强的适应性，目前可以支持许多硬件平台，而且具有大量的应用软件。有许多公司专门进行 Linux 及其应用软件的开发，很多厂商相继支持 Linux 操作系统。

2. Linux 的特点

（1）Linux 系统是免费的自由软件　Linux 系统是通过公共许可协议 GPL 的自由软件。这种软件具有两个特点，一是开放源代码并免责提供，二是开发者可以根据自身需要自由修改、复制和发布程序的源码。因此，用户可以从互联网上很方便地免费下载并使用 Linux 操作系统，不需要担心版权问题。

（2）良好的硬件平台可移植性　硬件平台可移植性是指将操作系统从一个硬件平台转移到另一个硬件平台时只须改变底层的少量代码，无须改变自身的运行方式。Linux 系统最早诞生于 PC 环境，一系列版本都充分利用了 X86 CPU 的任务切换能力，使 X86 CPU 的效能发挥得淋漓尽致。另外，Linux 系统几乎能在所有主流 CPU 搭建的体系结构上运行，包括 Intel/AMD、HP-PA、MIPS、PowerPC、UltraSPARC 和 Alpha 等，其伸缩性超过了所有其他类型的操作系统。

（3）完全符合 POSIX 标准　POSIX 也称为可移植的 Linux 操作系统接口，是由 ANSI 和 ISO 制定的一种国际标准，它在源代码级别上定义了一组最小的 Linux 操作系统接口。Linux 系统遵循这一标准，使得它和其他类型的 Linux 系统之间可以很方便地相互移植平台上的应用软件。

（4）具有良好的图形用户界面　Linux 系统具有类似于 Windows 操作系统的图形界面，其名称是 X-Window 系统。X- Window 是一种起源于 Linux 操作系统的标准图形界面，它可以为用户提供一种具有多种窗口管理功能的对象集成环境。

（5）具有强大的网络功能　由于 Linux 系统是依靠互联网平台迅速发展起来的，所以也具有强大的网络功能。它在内核中实现了 TCP/TP 协议族，提供了对 TCP/TP 协议族的支持。同时，它还可以支持其他各种类型的通信协议，如 IPX/SPX、Apple Talk、PP、SLP 和 ATM 等。

（6）丰富的应用程序和开发工具　由于 Linux 系统具有良好的可移植性，目前绝大部分其他 Linux 系统下使用的流行软件都已经被移植到 Linux 系统中。另外，由于 Linux 得到了 IBM、Intel、Oracle 及 Sybase 等知名公司的支持，这些公司的知名软件也都移植到了 Linux 系统中，因此，Linux 获得越来越多的应用程序和应用开发工具。

（7）良好的安全性和稳定性　Linux 系统采取了多种安全措施，如任务保护机制、审计跟踪、核心报校、访问授权等，为网络多用户环境中的用户提供了强大的安全保障。Linux 具有较好的计算机病毒防御机制，Linux 平台基本上不需要安装防病毒软件。另外，Linux 系统具有极强的稳定性，可以长时间稳定地运行。

7.2.3　Windows Server 2019 网络操作系统

Windows Server 2019 是微软公司于 2018 年 11 月 13 日发布的新一代 Windows 服务器操作系统，基于 Win10 1809（LTSC）内核开发而成。Windows Server 2019 具备以下四个方面的新功能。

1. Azure 的混合功能

Windows Server 提供了存储迁移服务，它有助于在数据迁移期间保持库存。它还跟踪从旧系统到 Windows Server 或 Azure 的安全设置和配置。Microsoft 创建了云计算服务 Azure，用于通过 Microsoft 数据中心的全球网络构建、测试和管理应用程序。Azure 网络适配器可帮助用户轻松连接到 Azure 虚拟网络。管理中心自动配置虚拟专用网络并将其连接到 Windows Server 系统。

System Insights 软件的预测分析功能也是 Windows Server 2019 的新功能。使用机器学习、系统洞察可以分析用户的 Windows 系统，看它是如何运行的，并帮助预测系统的运行方式。这有助于用户优化系统，使其高效运行。

Windows Server 2019 专门提供的另一项新功能是增强型 Azure AD 身份验证，它允许计算机用于云中的身份验证。

2. 超融合基础设施

当前的服务器市场正在由传统架构向超融合基础架构 HCI 方向转变，微软于 Windows Server 2016 开始推出了基于 S2D 的 HCI 解决方案，在 Windows Server 2019 中，进一步优化了 S2D 群集的弹性。

Windows Server 2019 还支持 USB Thumb 驱动器（作为群集见证），它允许两个节点 HCI 部署，没有其他依赖性。

集群范围的监控具有更多监控功能。这种全新支持的功能可实时监控 CPU 使用率、内存、存储容量、IOPS、吞吐量和延迟。这个新功能还会在出现问题时提醒用户。

新的服务器操作系统还允许创建大型横向扩展群集，具有更大的灵活性，而不会牺牲群集的弹性。增加的另一个功能是对持久存储器的支持，它提供对非易失性介质的字节级访问，同时还减少了存储和恢复数据的延迟。

虚拟网络对等是另一项新功能，可在两个虚拟网络之间提供高速连接。两个网络之间的流量通过没有网关的底层结构网络，但虚拟网络必须是同一数据中心标记的一部分。

精确时间协议（PTP）使时间样本比网络时间协议更准确。允许设备将每个网络设备引入的延迟添加到定时测量中以允许这些更准确的时间样本。

新的服务器操作系统支持闰秒，这是偶尔的时间调整，以 UTC 或协调世界时的 1s 为增量。这有助于使地球时间与太阳时间保持同步，从而提高系统精度、合规性和可追溯性。

3. 增强的安全功能

Windows Defender 高级威胁防护（ATP）是一组新的主机入侵防御功能。Windows Defender 可使相关设备免受各种不同攻击媒介的威胁，并阻止恶意软件攻击中常见的行为，同时能够在安全风险和工作效率要求之间实现平衡。Windows Defender 主要通过以下四个组件实现防御功能：

• 攻击面减少（ASR）组件。企业可以通过它们阻止可疑的恶意文件（如 Office 文件）、脚本、横向移动、勒索软件行为和基于电子邮件的威胁，防止恶意软件入侵计算机。

• 网络保护组件。可通过 Windows Defender SmartScreen 阻止设备上的出站进程访问不受信任的主机 /IP 地址，保护终节点免受基于 Web 的威胁。

• 受控文件夹访问权限组件。可阻止不受信任的进程访问受保护的文件夹，保护敏感数据免受勒索软件的威胁。

• Exploit Protection 组件。是针对漏洞利用的一组缓解措施（代替 EMET），可以轻松地进行配置以保护系统和应用程序。

4. 更快的应用创新

还有一些新功能可帮助开发人员和 IT 专业人员设计及构建云原生应用程序，并使用容器和微服务对传统应用程序进行现代化。第一个新功能是 Linux Containers。这允许应用程序管理员在一个系统中管理 Windows 和 Linux 应用程序，从而降低管理方面的管理成本。

应用程序开发人员和管理员现在可以使用带有命令提示符及 PowerShell 的 Linux 生态系统中的工具以及新的 Windows 子系统 Linux（WSL）功能。WSL 还允许在 Windows 上运行 Linux 用户空间（如 Ubuntu）。此功能将帮助那些有 Linux 托管经验的人，包括虚拟专用服务器或 Windows 专用服务器。

7.3　网络管理

7.3.1　网络管理概述

1. 网络管理的概念

网络管理主要是关于规划、监督、设计和控制网络资源的使用和网络的各种活动。网络管理的复杂性取决于网络资源的数量和种类，网络管理的基本目标是将所有的管理子系统集成在一起，向管理员提供单一的控制方法。

网络管理员（Network Manager）是负责监控互联网软硬件系统的人。管理员的任务是检测并纠正错误以提高网络通信效率，改善有关条件，避免类似错误重复出现。由于软件、硬件都可能导致问题，所以网络管理员必须对两者都实行监控。

有两个原因使网络管理变得困难：第一，大多数互联网是异构的，也就是说，互联网所包含的软硬件等组成部分来自多家厂商，某个厂商产品的微小问题就能导致系统的不兼容；第二，在当今的全球互联网时代，互联网规模越来越大，其触角已延伸到世界大多数国家，要检测出距离较长的两台计算机之间的问题将会特别困难。

在互联网中，往往后果最严重的故障是最容易检测和诊断的。例如，以太网上的同轴电缆被切断，局域网交换机断电导致网上的所有计算机之间都无法通信等故障就很容易检测和诊断。因为这种破坏影响到网上的所有计算机，管理员能够快速准确地定位故障源。类似的，管理员也很容易发现软件中出现的重大错误，比如一条非法路径导致路由器抛弃到某一目的地的所有数据包。

相比之下，部分失效或是断断续续的故障往往是最难解决的。想象一下：如果一个网络接口设备偶尔损坏一些位串，或是路由器在大多数情况下正常工作而偶尔误发一些数据报，该怎么办呢？在接口间断性失效的情况下，传输帧采用的校验和以及 CRC 等方法会检测出错误并抛弃出错帧，从而导致该帧重发。这样，从用户的角度看，网络是正常运行的，因为数据最终还是得到正确的传输。

2. 网络管理系统

网络管理系统是用于实现对网络全面有效的管理、实现网络管理目标的系统。在网络的运营管理中，网络管理人员是通过网络管理系统对整个网络进行管理的。概括地说，一个网络管理系统从逻辑上包括管理对象、管理进程、管理信息库和管理协议四大部分。网络管理系统的逻辑模型如图 7-1 所示。

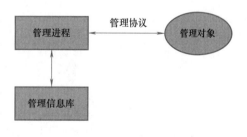

图 7-1　网络管理系统的逻辑模型

1）管理对象：管理对象是网络中具体可以操作的数据。例如，记录设备或设施工作状态的状态变量、设备内部的工作参数、设备内部用来表示性能的统计参数等，需要进行控制的外部工作状态和工作参数，为网络管理系统设计、服务的工作参数等。

2）管理进程：管理进程是对网络中的设备和设施进行全面管理和控制的软件。

3）管理信息库：管理信息库用于记录网络中管理对象的信息，如状态类对象的状态代码和参数类管理对象的参数值等。管理信息库中的数据要与网络设备中的实际状态和参数保持一致，以达到能够真实、全面地反映网络设备、设施运转情况的目的。

4）管理协议：管理协议用于在管理进程与管理对象之间传递操作命令，负责解释管理操作命令。另外，可以通过管理协议来保证管理信息库中的数据与具体设备中的实际状态、工作参数保持一致。

7.3.2 网络管理协议

通常，一个网络系统集成了许多不同厂家的产品，要有效地管理这样一个网络系统，就要为各个网络产品提供统一的网络管理平台和接口，遵循标准的网络管理协议。在网络管理系统的四个组成部分中，网络管理协议最为重要。它定义了网络管理器与被管代理间的通信方法，规定了管理信息库的存储结构、信息库中关键字的含义，以及各种事件的处理方法。目前最有影响的网络管理协议是 SNMP 和 CMIP，它们也代表了目前的两大网络管理解决方案。

1. 简单网络管理协议

简单网络管理协议（Simple Network Management Protocol，SNMP）是使用户能够通过轮询、设置关键字和监视网络事件来达到网络管理目的的一种网络协议。它是一个应用层的协议，而且是 TCP/IP 协议族的一部分，工作于用户数据报文协议（UDP）上。SNMP 原先是在 TCP/IP 的基础上为 ARPANET 开发的，但现在已发展成为各种网络及网络设备的网络管理协议标准。

SNMP 主要用于 OSI 七层模型中较低层次的管理，它的基本功能包括监视网络性能、检测分析网络差错和配置网络。SNMP 网络管理模型由多个被管代理（Management Agents）、至少一个管理工作站（Network Management Station）、一种通用的网络管理协议（Management Protocol）和一个管理信息库（MIB）四部分组成。用户主机和网络互联设备等所有被管理的网络设备称为被管对象（Managed Objects）；驻留在被管对象上，配合网络管理的处理实体称为管理代理；实施管理的处理实体称为管理器（Manager）。管理器和管理代理通过网络管理协议来实现信息交换。管理器驻留在管理工作站上，信息分别驻留在被管对象和管理工作站上的管理信息库中。SNMP 的管理结构模型如图 7-2 所示。

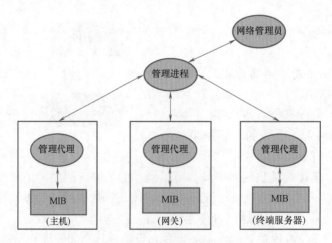

图 7-2　SNMP 的管理结构模型

网络管理员利用 SNMP 配合诸如 HP Open View、Novell NMS、IBM、Net View 等管理工具，就可以监测并控制网络上的远程主机。SNMP 采用由管理系统及代理组成的分布式结构，在主机要求下或重大事故发生时，SNMP 服务可以将状态信息发送到一个或多个主机。

SNMP 之所以能成为流传最广、应用最多的一个网络管理协议，是因为它具有以下优点：

1）简单、易于实现：这是它最大的一个优点。网络管理系统实现的一个重要原则就是网络管理功能的实现对网络正常功能的影响越小越好。SNMP 作为网络管理协议，能使基于其上的网络管理系统容易实现，而且对现存网络的要求不高，不需要长时间来建立，也不会给网络附加过多的压力。它的简单性还体现在：用户可以比较容易地通过操作管理信息库中的若干被管对象来对网络进行监测。

2）获得了广泛的使用和支持：目前，SNMP 的管理信息库定义已超过千页，其广泛性是其他网络协议无法替代的。

3）具有很好的扩展性：由于其简单化的设计，因此用户可以很容易地进行修改来满足自己特定的需要。SNMPv2 的推出就是 SNMP 具有良好扩展性的一个体现。SNMP 的扩展性还体现在它对管理信息库的定义上。各厂商可以根据 SNMP 制定的规则，很容易地定义自己的管理信息库，并据此使自己的产品支持 SNMP。

2. 公共管理协议

公共管理协议（Common Management Information Protocol，CMIP）是在 OSI 制定的网络管理框架中提出的网络管理协议。它是一个分布式的网络管理解决方案，应用在 OSI 环境下。CMIP 与 SNMP 一样，也由被管代理、管理者、管理协议与管理信息库组成。在 CMIP 中，被管代理和管理者没有明确地被区分，任何网络设备既可以是被管代理，也可以是管理者。

CMIP 克服了 SNMP 的许多缺点，如安全性方面，CMIP 支持授权、访问控制、安全日志等机制，构成一个相对安全的系统，定义相对详细复杂。其设计与 SNMP 有相似之处，如网管信息的传递也是通过协议数据单元来实现的，但 CMIP 定义了十一种协议数据单元，而 SNMP 定义了五种。

CMIP 可以用三种模型进行描述：组织模型用于描述管理任务如何分配；功能模型描述了各种网络管理功能及其相互关系；信息模型提供了描述被管对象和相关管理信息的准则。从组织模型来说，所有 CMIP 的管理和被管代理存在于一个或多个域中，域是网间管理的基本单元。从功能模型来说，CMIP 主要实现失效管理、配置管理、性能管理、记账管理和安全性管理，每种管理均由一个特殊管理功能领域负责完成。从信息模型来说，CMIP 的管理信息库是面向对象的数据存储结构，每一个功能领域以对象的形式作为管理信息库的存储单元。

CMIP 模型定义的网络管理功能包括错误管理、配置管理、性能管理、安全管理和记账管理等。错误管理检测出现的问题并采取措施孤立它们。配置管理提供了现有处于活动状态的连接和设备的信息，它和错误管理密切相关，因为改变配置是孤立错误的基本方法。性能管理记录事件次数，如对信息数据报、磁盘和特定文件的访问次数等。安全管理向网络主管报告在什么地方、哪一个层次上出现了未经授权的访问企图等。记账管理用于给用户计费和开账单。

CMIP 是一个完全独立于下层平台的应用层协议，它的五个特殊管理功能领域由多个系统管理功能（SMF）支持。相对而言，CMIP 是一个相当复杂和详细的网络管理协议，设计宗旨与 SNMP 相同。CMIP 共定义了十一种协议数据单元。CMIP 中的每一个变量都包含变量属性、变量行为和通知。CMIP 的管理思想是基于事件而不是基于轮询的，每个代理都独立完成一定的管理工作。

CMIP 在技术上比 SNMP 先进，最初被认为是替代 SNMP 的一个解决方案。但经过多年的推广，目前仍不如 SNMP 应用广泛。其原因在于 CMIP 占用的系统资源过多，定义相当复杂，至今还没有一个网络能够负担得起一个完整的 CMIP 网络管理系统。

7.3.3 网络管理功能

在 OSI 网络管理框架模型中，网络管理的功能有五项，分别为故障管理（Fault Management）、配置管理（Configuration Management）、性能管理（Performance Management）、计费管理（Accounting Management）、安全管理（Security Management）。

1. 故障管理

故障管理是基本的网络管理功能。故障管理是网络管理功能中与故障检测、故障诊断和恢复等工作有关的部分，其目的是保证网络能够提供连续可靠的服务。网络服务的意外中断往往对社会或生产造成很大的影响。另外，在大型计算机网络中发现故障时，往往不能具体确定故障所在的具体位置，这就需要故障管理提供逐步隔离和最后定位故障的一整套方法及工具。有时所发现的故障是随机性的，需要经过很长时间的跟踪和分析才能找到其产生的原因。这就需要一个故障管理系统，科学地管理网络所发现的所有故障，具体记录每一个故障的产生，跟踪分析，直到最后确定并排除故障。

2. 配置管理

一个计算机网络是由多种多样的设备连接而成的，这些设备组成网络的各种物理结构和逻辑结构。这些结构中，设备有许多参数、状态和名称等信息需要相互适应。这对于一个大型计算机网络的运行是至关重要的。另外，网络运行的环境是经常变化的，网络系统本身也要随着用户的增加、减少或设备的维修而经常调整配置，使网络更有效地工作。这些手段构成了网络管理的配置管理功能。配置管理功能至少包括识别被管网络的拓扑结构、标识网络中的各个对象、自动修改指定设备的配置、动态维护网络配置的数据库等。

3. 性能管理

性能管理涉及网络信息（流量、谁在使用、访问什么资源等）的收集、加工和处理等一系列活动。其目的是保证在使用最少的网络资源和具有最小延迟的前提下网络提供可靠、连续的通信能力，并使网络资源的使用达到最优化的程度。性能管理的具体内容包括从被管对象中收集与网络性能有关的数据，分析和统计历史数据，建立性能分析的模型，预测网络性能的长期趋势，并根据分析和预测的结果对网络拓扑结构、某些对象的配置和参数进行调整，逐步达到最佳。

4. 计费管理

计费管理功能至少有两个方面的用处。第一，在网络通信资源和信息资源有偿使用的情况下，计费管理功能能够统计哪些用户利用哪条通信线路传输了多少信息、访问的是什么资源等。因此，计费管理是商业化计算机网络的重要网络管理任务。第二，在非商业化的网络中，计费管理可以统计不同线路的利用情况、不同资源的利用情况。如果某条线路长期拥挤，那么是否考虑扩充；如果某些资源被频繁访问，那么是否考虑在近处设置一个镜像（Mirror）服务器等。因此，从本质上讲，无论哪种情况，计费管理的根本依据都是网络用户使用网络资源的情况。

5. 安全管理

安全管理有两层含义：一方面，网络安全管理要保证网络用户和网络资源不被非法使用；另一方面，网络安全管理也要确保网络管理系统本身不被未经授权地访问。网络安全管理的内容包括密钥的分发和访问权的设置，通知网络有非法侵入，无权用户对特定信息的访问企图，安全服务设施的创建、控制和删除等。此外，安全管理还包括与安全有关的网络操作事件的记录等。

本章小结

本章介绍了网络操作系统的基本概念，介绍了典型网络操作系统的特点，并介绍了网络管理的相关知识。通过学习本章知识，学生应能较全面地理解并掌握网络操作系统及网络管理的基础知识，为后续章节学习奠定基础。

思考与练习

一、选择题

1. 网络操作系统是一种_____。

A. 系统软件　　　　B. 系统硬件　　　　C. 应用软件　　　　D. 资源软件

2. 网络操作系统为网络用户提供了两级接口：网络编程接口和_____。

A. 传输层接口　　　B. 操作命令接口　　C. NetBIOS 接口　　D. Socket 接口

3. _____是网络操作系统提供的最重要与最基本的功能。

A. 文件服务　　　　B. 数据库服务　　　C. 打印服务　　　　D. 分布式服务

4. _____可以为网络用户提供远程共享打印机的功能。

A. 文件服务　　　　B. 打印服务　　　　C. 通信服务　　　　D. 网络管理服务

5. 管理进程是负责对网络设备进行全面的管理与控制的_____。

A. 硬件　　　　　　B. 协议　　　　　　C. 软件　　　　　　D. 操作系统

6. _____功能是用来维持网络正常运行的网络管理功能。

A. 性能管理　　　　B. 安全管理　　　　C. 配置管理　　　　D. 故障管理

7. 在典型的网络管理软件中，比较流行的是 HP 公司的_____网络管理软件。

A. Spectrum　　　　B. SunNet Manager　C. Open View　　　D. Net View

8. _____功能是用来保护网络资源安全的网络管理功能。

A. 计费管理　　　　B. 安全管理　　　　C. 性能管理　　　　D. 配置管理

9. 当前最流行的网络管理协议是_____。

A. TCP/IP　　　　　B. SNMP　　　　　C. SMTP　　　　　D. UDP

10. 在下列有关 SNMP 的说法中，错误的是_____。

A. SNMP 采用轮询监控方式

B. SNMP 位于开放系统互联参考模型的应用层

C. SNMP 采用客户机 / 管理者模式

D. SNMP 是目前最流行的网络管理协议

二、简答题

1. 什么是网络操作系统？

2. 网络操作系统包含哪些功能？

3. 网络操作系统的特征有哪些？

4. 常用的网络操作系统有哪些？它们各自的优缺点是什么？

5. 网络管理的基本内容是什么？

6. 网络管理的主要功能有哪些？

7. 网络管理的基本模型是什么？

8. 简述 SNMP 管理结构模型的工作原理及特点。

9. 简述公共管理协议（CMIP）的概念。

第8章

网络安全

计算机网络技术的普遍应用产生了网上办公、电子商务和网上营销等新兴事物，但同时企事业单位又要面对 Internet 开放带来的数据安全等问题。如何保护网络重要数据的安全，已成为政府机构、企事业单位信息化建设所要考虑的重要问题。因而，学习和研究计算机网络安全技术是十分必要和迫切的。本章主要介绍网络安全概述、网络安全标准和等级、防火墙技术、计算机病毒防范技术等内容。

8.1 网络安全概述

8.1.1 网络安全的概念

网络安全是指网络系统的硬件、软件及其系统中的数据受到保护，不因偶然的或者恶意的原因而遭受破坏、更改、泄露，系统连续、可靠、正常地运行，网络服务不中断。

网络安全从本质上讲就是网络上的信息安全，它涉及的范围非常广。

广义上，凡是涉及网络上信息的安全性、完整性、可用性、真实性和可控性的相关理论和技术都是网络信息安全要研究的领域。

狭义的网络信息安全是指网络上信息内容的安全性，即保护信息的秘密性、真实性和完整性，避免攻击者利用系统的安全漏洞进行窃听、冒充、诈骗和盗用等有损合法用户利益的行为，保护合法用户的利益和隐私。

8.1.2 网络安全的主要特性

网络安全所要求具备的特性包括以下五个方面。

1. 保密性

保密性是指信息不泄露给非授权用户、实体或过程，或供其利用的特性。

2. 完整性

完整性是指数据未经授权不能进行改变的特性，即信息在存储或传输过程中保持不被修改、不被破坏和丢失的特性。

3. 可用性

可用性是指可被授权实体访问并按需求使用的特性，即当需要时能否存取所需的信息。例如，网络环境下拒绝服务、破坏网络和有关系统的正常运行等都属于对可用性的攻击。

4. 可控性

可控性是指对信息的传播及内容具有控制能力。

5. 不可否认性

不可否认性又称为可审查性，是指网络通信双方在信息交互过程中，确信参与者本身以及参与者所提供信息的真实同一性，所有参与者都不可能否认本人的真实身份，以及提供信息的原样性和完成的操作与承诺。

8.1.3 网络安全系统功能

由于网络安全攻击形式多，存在的威胁多，因此必须采取措施对网络信息加以保护以使受到攻击的威胁减至最低。一个网络安全系统应具有如下功能。

1. 身份认证

认证就是识别和证实，是验证通信双方身份的有效手段，它对于开放系统环境中的各种信息安全有重要的作用。用户向系统请求服务时，要出示自己的身份证明，如输入 User ID 和 Password 等。而系统应具备查验用户身份证明的能力，对于用户的输入，能够明确判断是否来自合法用户。

2. 访问控制

访问控制是针对越权使用的防御措施，其基本任务是防止非法用户进入系统以及防止合法用户对系统资源的非法使用。在开放系统中，对网络资源的使用应制定一些规则，包括用户可以访问的资源，以及用户各自具备的读、写和其他操作的权限。

3. 数据完整性

数据完整性是针对非法篡改信息、文件和业务流而设置的防范措施，以保证资源可获得性。数据完整性服务可以保证接收方所接收的信息与发送方的信息是一致的，在传送过程中没有被复制、插入、删除等对信息进行破坏的行为。数据完整性服务又可分为恢复和无恢复两类。因为数据完整性服务与信息受到主动攻击相关，因此数据完整性服务与预防攻击相比更注重信息一致性的检测。如果安全系统检测到数据完整性遭到破坏，那么可以只报告攻击事件发生，也可以通过软件或人工干预的方式进行恢复。

4. 数据保密性

数据保密性是针对信息泄露的防御措施，它可分为信息保密、选择数据段保密与业务流保密等。保密性服务是为了防止被攻击而对网络传输的信息进行保护。根据传送信息的安全要求不同，选择不同的保密级别。最广泛的服务是保护两个用户之间在一段时间内传送的所有用户数据，同时也可以对某个信息中的特定域进行保护。

保密性的另一方面是防止信息在传输中数据流被截获与分析。这就要求采取必要的措施，使攻击者无法检测到网络中传输信息的源地址、目的地址、长度及其他特性。

5. 防抵赖

防抵赖是针对对方进行抵赖的防御措施，用来保证收发双方不能对已发送或已接收的信息予以否认，一旦出现发送方对发送信息的过程予以否认，或接收方对已接收的信息予以否认，防抵赖服务提供记录，说明否认方是错误的。防抵赖服务对电子商务活动是非常有用的。

6. 密钥管理

密钥管理是以密文方式在相对安全的信道上传递信息，可以让用户比较放心地使用网络。如果密钥泄露或居心不良者通过积累大量密文而增加密文的破译机会，就会对通信安全造成威胁。为对密钥的产生、存储、传递和定期更换进行有效的控制而引入密钥管理机制，这对增加网络的安全性和抗攻击性非常重要。

7. 攻击监控

对特定网段、服务建立攻击监控体系，可实时检测出绝大多数攻击，并采取相应的行动（如断开网络连接、记录攻击过程、跟踪攻击源等）。

8. 检查安全漏洞

对安全漏洞周期检查，即使攻击可达到攻击目标，也能使绝大多数攻击无效。

8.2 网络安全标准和等级

1983 年，美国国防部发布了《可信计算机评估标准》，又称橘皮书。1985 年，此标准经过修订后成为美国国防部的标准。在欧洲，英国、荷兰和法国带头开始联合制定欧洲共同的安全评测标准，并于 1991 年颁布 ITSEC（《欧洲信息安全评价标准》）。1993 年，加拿大颁布 CTCPEC（《加拿大可信计算机产品评测标准》）。在安全体系结构方面，ISO 制定了国际标准 ISO 7498—2—1989（《信息处理系统—开放系统互联—基本参考模型—第 2 部分：安全体系结构》）。

我国从 20 世纪 80 年代开始，引进了一批国际信息安全基础技术标准，使我国信息安全技术得到了很大的发展。与国际标准靠拢的信息安全政策、法规和技术、产品标准都陆续出台，有关的信息安全标准有《计算机信息系统安全专用产品分类原则》《商用密码管理条例》《计算机信息系统　安全保护等级划分准则》《中华人民共和国计算机信息系统安全保护条例》等。

应用计算机信息系统安全等级的划分主要有两种：一种是依据美国国防部发布的评估计算机系统安全等级的橘皮书，将计算机安全等级划分为四类八级，即 A2、A1、B3、B2、B1、C2、C1、D；另一种是依据我国颁布的《计算机信息系统　安全保护等级划分准则》（GB 17859—1999），将计算机安全等级划分为五级。

我国信息系统的安全保护等级划分如下：

第一级：信息系统受到破坏后，会对公民、法人和其他组织的合法权益造成损害，但不损害国家安全、社会秩序和公共利益。第一级信息系统运营、使用单位应当依据国家有关管理规范和技术标准进行保护。

第二级：信息系统受到破坏后，会对公民、法人和其他组织的合法权益产生严重损害，或者对社会秩序和公共利益造成损害，但不损害国家安全。国家信息安全监管部门对该级信息系统安全等级保护工作进行指导。

第三级：信息系统受到破坏后，会对社会秩序和公共利益造成严重损害，或者对国家安全造成损害。国家信息安全监管部门对该级信息系统安全等级保护工作进行监督、检查。

第四级：信息系统受到破坏后，会对社会秩序和公共利益造成特别严重损害，或者对国家安全造成严重损害。国家信息安全监管部门对该级信息系统安全等级保护工作进行强制监督、检查。

第五级：信息系统受到破坏后，会对国家安全造成特别严重的损害。国家信息安全监管部门对该级信息系统安全等级保护工作进行专门监督、检查。

网络安全是应对网络威胁、克服网络脆弱性、保护网络资源的所有措施的总和，涉及政策、法律、管理、教育和技术等方面的内容。网络安全是一项系统工程，针对来自不同方面的安全威胁，需要采取不同的安全对策，从法律、制度、管理和技术上采取综合措施，以便相互补充，达到较好的安全效果。其中，技术措施是最直接的屏障。目前，常用而有效的网络安全技术有数据加密、网络防火墙和网络防病毒技术。

8.3　防火墙技术

防火墙技术最初是针对 Internet 中的不安全因素所采取的一种保护措施。顾名思义，防火墙就是用来阻挡外部不安全因素影响的内部网络屏障，其目的就是防止外部网络用户未经授权的访问。

8.3.1　防火墙的基本概念

防火墙（Firewall）是指设置在不同网络（如可信任的企业内部网和不可信的公共网）或网络安全域（Security Zone）之间的一系列部件的组合。它是不同网络或网络安全域之间信息的唯一出入口，能根据企业的安全政策控制（允许、拒绝、监测）出入网络的信息流，且本身具有较强的抗攻击能力。防火墙结构示意图如图 8-1 所示。

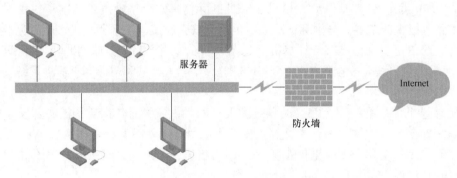

图 8-1　防火墙结构示意图

2015 年，我国发布了编号为 GB/T 20281—2015 的国家标准——《信息安全技术　防火墙安全技术要求和测试评价方法》，将防火墙定义为"部署于不同安全域之间，具备网络层访问控制及过滤功能，并具备应用层协议分析、控制及内容检测等功能，能够适用于 IPv4、IPv6 等不同的网络环境的安全网关产品"。

随着技术的不断进步，防火墙逐步发展到下一代防火墙。下一代防火墙可以全面应对应用层威胁，通过深入洞察网络流量中的用户、应用和内容，并借助全新的高性能单路径异构并行处理引擎，能够为用户提供有效的应用层一体化安全防护，帮助用户安全地开展业务并简化用户的网络安全架构。

8.3.2　防火墙的作用

随着防火墙的不断发展，其功能越来越丰富，但是防火墙最基础的两大功能仍然是隔离和访问控制。隔离功能就是在不同信任级别的网络之间砌"墙"，而访问控制就是在"墙"上开"门"并派驻"守卫"，按照安全策略来进行检查和放行。

防火墙的主要作用通常包括以下几点。

1. 提供基础组网和防护功能

防火墙能够满足企业环境的基础组网和基本的攻击防御需求。防火墙可以实现网络联通并限制非法用户发起的内外攻击，比如黑客、网络破坏者等，禁止存在安全脆弱性的服务和未授权的通信数据包进出网络，并对抗各种攻击。

2. 记录和监控网络存取与访问

作为单一的网络接入点，所有进出信息都必须通过防火墙，所以防火墙可以收集关于系统及网络使用的和误用的信息并做出日志记录。通过防火墙可以很方便地监视网络的安全性，并在异常时给出报警提示。

3. 限定内部用户访问特殊站点

防火墙通过用户身份认证（如 IP 地址等）来确定合法用户，并通过事先确定的完全检查策略来决定内部用户可以使用的服务以及可以访问的网站。

4. 限制暴露用户点

利用防火墙对内部网络的划分，可实现网络中网段的隔离，防止影响一个网段的问题通过整个网络传播，从而限制了局部重点或敏感网络安全问题对全局网络造成的影响，同时保护一个网段不受来自网络内部其他网段的攻击，保障网络内部敏感数据的安全。

5. 网络地址转换

防火墙可以作为部署网络地址转换（Network Address Translation，NAT）的逻辑地址来缓解地址空间短缺的问题，并消除在变换互联网服务提供商（Internet Service Provider，ISP）时带来的重新编址的麻烦。

6. 虚拟专用网

防火墙还支持具有 Internet 服务特性的企业内部网络技术体系——虚拟专用网络（Virtual Private Network，VPN）。通过 VPN 将企事业单位在地域上分布在世界各地的局域网或专用子网有机连成一个整体。

8.3.3　防火墙的主要类型

1. 网络层防火墙

网络层防火墙可视为一种 IP 封包过滤器，运行在底层的 TCP/IP 协议堆栈上。网络层防火墙可以以枚举的方式，只允许符合特定规则的封包通过，其余的一概禁止穿越防火墙（病毒除外，防火墙不能防止病毒侵入）。这些规则通常可以由管理员定义或修改，不过某些防火墙设备可能只能套用内置的规则。

网络层防火墙也称为数据包过滤（Packet Filtering）防火墙。该技术在网络层对数据包进行选择，选择的依据是系统内设置的过滤逻辑，称为访问控制表。通过检查数据流中每个数据包的源地址、目的地址、所用的端口号、协议状态等因素或它们的组合来确定是否允许该数据包通过。网络层防火墙逻辑简单，价格便宜，易于安装和使用，网络性能和透明性好，它通常安装在路由器上。路由器是内部网络与 Internet 连接必不可少的设备，因此在原有网络上增加这样的防火墙几乎不需要任何额外的费用。

网络层防火墙的缺点有两个：一是非法访问一旦突破防火墙，即可对主机上的软件和配置漏洞进行攻击；二是数据包的源地址、目的地址以及 IP 的端口号都在数据包的头部，很有可能被窃听或假冒。

防火墙规则也能从另一种较宽松的角度来制定，只要封包不符合任何一项"否定规则"就予以放行。操作系统及网络设备大多已内置防火墙功能。

较新的防火墙能利用封包的多种属性来进行过滤，如来源 IP 地址、来源端口号、目的 IP 地址或端口号、服务类型（如 HTTP 或是 FTP），也能经由通信协议、TTL 值、来源的网域名称或网段等属性来进行过滤。

2. 应用层防火墙

在目前的计算环境中，应用层防火墙日益显示出其可以减少攻击面的强大威力。

应用层防火墙工作在 TCP/IP 堆栈的"应用层"，可以拦截进出某应用程序的所有封包，它针对特定的网络应用服务协议，使用指定的数据过滤逻辑，并在过滤的同时对数据包进行必要的分析、登记和统计，然后形成报告。

应用层防火墙也称为应用层代理服务器防火墙或应用层网关。其在数据包流入和流出两种方向上都有"代理服务器"的功能，这样它就可以保护主体和客体，防止其直接联系。代理服务器可以在其中进行协调，这样它就可以过滤和管理访问，也可以管理主体和客体发出及接收的内容。这种方法可以通过以各种方式集成到现有目录而实现，如用户和用户组访问的 LDAP。

应用层防火墙还能够仿效暴露在互联网上的服务器，因此正在访问的用户就可以拥有一种更加快速而安全的连接体验。事实上，在用户访问公开的服务器时，所访问的其实是第七层防火墙所开放的端口，其请求得以解析，并通过防火墙的规则库进行处理。一旦此请求通过了规则库的检查并与不同的规则相匹配，就会被传递给服务器。这种连接在是超高速缓存中完成的，因此可以极大地改善性能和连接的安全性。

3. 数据库防火墙

随着互联网技术和信息技术的迅速发展，以数据库为基础的信息系统在经济、金融、医疗等领域的信息基础设施建设中得到了广泛的应用，越来越多的数据信息被不同的组织和机构（如统计部门、医院、保险公司等）搜集、存储以及发布，其中大量信息被用于行业合作和数据共享。但是在新的网络环境中，由于信息的易获取性，因此这些包含在数据库系统中的关乎国家安全、商业或技术机密、个人隐私等的信息将面临更多的安全威胁。当前，日益增长的信息泄露问题已然成为影响社会和谐的一大因素。

现有的边界防御安全产品和解决方案均采用被动防御技术，无法从根本上解决各组织数据库数据所面临的安全威胁和风险，需要专用的数据库安全设备从根本上解决数据安全问题。

数据库防火墙系统串联部署在数据库服务器之前，解决数据库应用侧和运维侧两方面的问题，是一款基于数据库协议分析与控制技术的数据库安全防护系统。其基于主动防御机制，实现数据库的访问行为控制、危险操作阻断、可疑行为审计。

数据库防火墙技术是针对关系型数据库保护需求应运而生的一种数据库安全主动防御技术，部署于应用服务器和数据库之间。用户必须通过该系统才能对数据库进行访问或管理。数据库防火墙所采用的主动防御技术能够主动并实时地监控、识别、告警、阻挡绕过企业网络边界（Firewall、IDS/IPS 等）防护的外部数据攻击，以及来自内部的高权限用户（DBA、开发人员、第三方外包服务提供商）的数据窃取、破坏、损坏等，从数据库 SQL 语句精细化控制的技术层面提供一种主动安全防御措施，并且结合独立于数据库的安全访问控制规则，帮助用户应对来自内部和外部的数据安全威胁。

数据库防火墙通过 SQL 协议分析，根据预定义的禁止和许可策略让合法的 SQL 操作通过，阻断非法违规操作，形成数据库的外围防御圈，实现 SQL 危险操作的主动预防、实时审计。

数据库防火墙面对来自于外部的入侵行为，提供 SQL 注入禁止和数据库虚拟补丁包功能。

8.3.4 防火墙的体系结构

防火墙的体系结构多种多样，主要的体系结构有三种：双宿 / 多宿主机体系结构、屏蔽主机体系结构和屏蔽子网体系结构。

1. 双宿 / 多宿主机体系结构

双宿 / 多宿主机体系结构防火墙（Dual-Homed/Multi-Homed Firewall）又称为双宿 / 多宿防火墙，它是一种至少具有两个网络接口的连接到不同网络上的防火墙。它是由双宿 / 多宿主机作为防火墙系统的主体，执行分离外部网络与内部网络的任务。一个典型的双宿 / 多宿主机体系结构如图 8-2 所示。

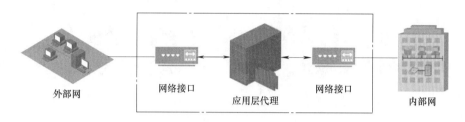

图 8-2 双宿 / 多宿主机体系结构

双宿 / 多宿主机体系结构防火墙位于内外网络之间，阻止内外网络之间的 IP 通信，禁止一个网络将数据报发往另一个网络。两个网络之间的通信通过应用层数据共享和应用层代理服务的方法来实现，一般情况下都会在上面使用代理服务器。内网计算机想要访问外网时，必须先经过代理服务器的验证。这种体系结构是存在漏洞的，比如双重宿主主机是整个网络的屏障，一旦被黑客攻破，那么内部网络就会对攻击者敞开大门，所以一般双重宿主主机会要求有强大的身份验证系统来阻止外部非法登录的可能性。

双宿 / 多宿主机体系结构防火墙的优点在于：网络结构比较简单，内外网络之间没有直接的数据交互而较为安全；内部用户账号的存在可以保证对外部资源进行有效控制；由于应用层代理机制的采用，因此可以方便地形成应用层的数据与信息过滤。

2. 屏蔽主机体系结构

屏蔽主机体系结构是指通过一个单独的路由器和内部网络上的堡垒主机共同构成防火墙，主要通过数据包过滤实现内部、外部网络的隔离和对内网的保护。一个典型的屏蔽主机体系结构如图 8-3 所示。

防火墙由过滤路由器和堡垒主机构成，防火墙会强迫所有外部网络对内部网络的连接全部通过包过滤路由器和堡垒主机。堡垒主机相当于一个代理服务器，也就是说，包过滤路由器提供了网络层和传输层的安全，堡垒主机提供了应用层的安全，路由器的安全配置使得外网系统只能访问到堡垒主机。这个过程中，包过滤路由器是否正确配置和路由表是否受到安全保护是这个体系安全程度的关键。如果路由表被更改，指向堡垒主机的路由记录被删除，那么外部入侵者就可以直接联入内网。

屏蔽主机体系结构的优点有下面的几个方面：

1）屏蔽主机体系结构比双宿 / 多宿主机体系结构具有更高的安全特性。

2）内部网络用户访问外部网络较为方便、灵活，当被屏蔽路由器和堡垒主机不允许内部用户直接访问外部网络时，用户通过堡垒主机提供的代理服务访问外部资源。

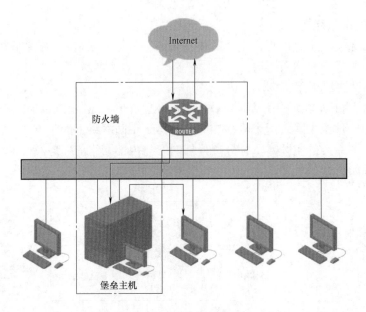

图 8-3　屏蔽主机体系结构

3）堡垒主机和屏蔽路由器同时存在，使得堡垒主机可以从部分安全事务中解脱出来，从而可以以更高的效率提供数据包过滤或代理服务。

3. 屏蔽子网体系结构

屏蔽子网体系结构是最安全的防火墙体系结构，本质上同屏蔽主机防火墙一样，但增加了一层保护体系——周边网络（DMZ）。堡垒主机位于周边网络上，周边网络和内部网络被内部屏蔽路由器分开。一个典型的屏蔽子网体系结构如图 8-4 所示。

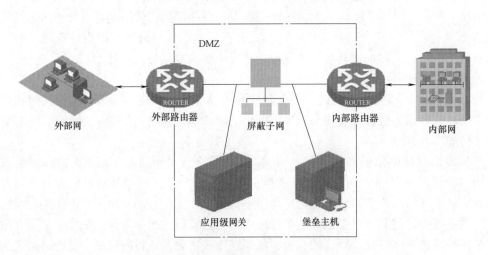

图 8-4　屏蔽子网体系结构

屏蔽子网体系结构主要由四个部件组成，分别为周边网络、外部路由器、内部路由器以及堡垒主机。与屏蔽主机体系结构相比，它多了一层防护体系，就是周边网络（DMZ）。周边网络相当于一个防护层，介于外网和内网之间。周边网络内经常放置堡垒主机和对外开放的应用服务器，比如 Web 服务器。

周边网络也称为"停火区"或"非军事区"（DeMilitarised Zone，DMZ）。通过 DMZ 网络直接进行信息传输是被严格禁止的，外网路由器负责管理外部网到 DMZ 网络的访问。为了保护内部网的主机，DMZ 只允许外部网络访问堡垒主机和应用服务器，把入站的数据包路由到堡垒主机，不允许外部网络访问内网。内部路由器可以保护内部网络不受外部网络和周边网络侵害，内部路由器只允许内部网络访问堡垒主机，然后通过堡垒主机的代理服务器来访问外网。外部路由器在 DMZ 向外网的方向只接收由堡垒主机向外网的连接请求。在屏蔽子网体系结构中，堡垒主机位于周边网络，为整个防御系统的核心。堡垒主机运行应用级网关，比如各种代理服务器程序。如果堡垒主机遭到入侵，那么有内部路由器的保护，可以使入侵者不能进入内部网络。

屏蔽子网体系结构与双宿 / 多宿主机体系结构和屏蔽主机体系结构相比具有明显的优越性，这些优越性体现在以下几个方面：

1）由外部路由器和内部路由器构成了双层防护体系，入侵者难以突破。

2）外部用户访问服务资源时无须进入内部网络，在保证服务的情况下提高了内部网络安全性。

3）外部路由器和内部路由器上的过滤规则复制避免了路由器失效产生的安全隐患。

4）堡垒主机由外部路由器的过滤规则和本机安全机制共同防护，用户只能访问堡垒主机提供的服务。

5）即使入侵者通过堡垒主机提供服务中的缺陷控制了堡垒主机，但由于内部防火墙将内部网络和周边网络隔离，入侵者也无法通过监听周边网络获取内部网络信息。

8.4 计算机病毒防范技术

计算机网络技术的迅速发展和广泛应用，也给计算机病毒增加了新的传播途径。计算机网络正逐渐成为病毒传播的首要途径，同时也出现了大量的网络病毒，如何防止计算机病毒的入侵并保护计算机网络安全，已经成为人们面临的一项重要而紧迫的任务。

8.4.1 计算机病毒的概述

计算机病毒是一段人为编制的计算机程序代码，这段代码一旦进入计算机系统并得以执行，就会搜寻符合其感染条件的程序或存储介质，确定目标后再将自身代码插入其中，达到自我复制的目的。

《中华人民共和国计算机信息系统安全保护条例》中对计算机病毒所做的定义是"计算机病毒，是指编制或者在计算机程序中插入的破坏计算机功能或者毁坏数据，影响计算机使用，并能自我复制的一组计算机指令或者程序代码"。这个定义具有法律性和权威性。

自从 1987 年发现第 1 例计算机病毒以来，计算机病毒的发展经历了以下几个主要阶段：DOS 引导阶段、DOS 可执行文件阶段、网络及蠕虫阶段、视窗阶段、宏病毒阶段和互联网阶段。

任何计算机病毒都是人为制造的具有一定破坏性的程序。它们与生物病毒不同，但也有相似之处。概括起来，计算机病毒具有传染性、主动性、潜伏性、隐蔽性、破坏性、可触发性等主要特征。

（1）传染性　传染性是病毒的基本特征。病毒设计者总是希望病毒能够感染更多的程序、计算机系统或网络系统，以达到最大的侵害目的。

病毒是人为设计的功能程序，因此会利用一切可能的途径和方法进行传染。程序之间的病毒传染借助于正常的信息处理途径和方法，通常是由病毒的传染模块执行的。

（2）主动性　病毒程序可侵害他人的计算机系统或网络系统。在计算机系统的运行过程中，病毒始终以功能过程的主体出现，而形式则可能是直接或间接的。病毒的侵害方式代表了设计者的意图，因此病毒对计算机运行控制权的争夺、对其他程序的侵入、传染和危害，都采取了积极主动的方式。

（3）潜伏性　计算机病毒具有依附于其他程序的能力，包括寄生能力。将用于寄生计算机病毒的程序（良性程序）称为计算机病毒的宿主。依靠病毒的寄生能力，计算机病毒在传染良性程序后有时不会马上发作，而是在隐藏一段时间后在一定的条件下开始发作。这样，病毒的潜伏性越隐蔽，它在系统中存在的时间也就越长，病毒传染的范围也越广，其危害性也就越大。

（4）隐蔽性　计算机病毒往往会借助各种技巧来隐藏自己的行踪，保护自己，从而做到在被发现及清除之前能够在更广泛的范围内进行传染和传播，期待发作时可以造成更大的破坏性。

计算机病毒是一些可以直接或间接运行的具有较高超技巧的程序，它们可以隐藏在操作系统中，也可以隐藏在可执行文件或数据文件中。

（5）破坏性　破坏性是计算机病毒的目的。任何病毒只要侵入系统，都会对系统和应用程序产生不同程度的影响：轻者会降低计算机工作效率，占用系统资源；重者可导致系统瘫痪。

（6）可触发性　计算机病毒一般都有一个或者几个触发条件，当满足触发条件后，计算机病毒便会开始发作。触发的实质是一种条件的控制，病毒程序可以依据设计者的要求在一定条件下实施攻击。这个条件可以是输入的特定字符、特定文件、特定日期或特定时刻，也可以利用病毒内置的计数器来实现触发。

8.4.2　计算机病毒的分类

计算机病毒的分类方法主要有以下几种。

1. 按照计算机病毒攻击的机型分类

根据病毒攻击的机型可分为攻击微型计算机的病毒、攻击工作站的病毒、攻击小型计算机的病毒、攻击中大型计算机的病毒。

2. 按照计算机病毒攻击的操作系统分类

根据计算机病毒攻击的操作系统可分为攻击 DOS 系统的病毒、攻击 Windows 系统的病毒、攻击 UNIX 系统的病毒、攻击 OS/2 系统的病毒、攻击 Macintosh 系统的病毒以及攻击其他操作系统的病毒（如手机病毒、PDA 病毒等）。

3. 按照计算机病毒的链接方式分类

根据计算机病毒的链接方式可分为源码型病毒、嵌入型病毒、外壳（Shell）型病毒和操作系统型病毒四种。

源码型病毒：将病毒代码插入高级语言源程序中，经编译成为合法程序的一部分。

嵌入型病毒：也称为入侵型病毒，该类病毒将自身嵌入现有程序中，把计算机病毒的主体程序与其攻击对象以插入方式链接，并代替其中部分不常用到的功能模块或堆栈区。

外壳型病毒：常附在主程序的首部或尾部，相当于给宿主程序加了个"外壳"。外壳型病毒隐藏在微软 Office、AmiPro 等文档中，如宏病毒、脚本病毒（VBS、WHS、JS）等。

操作系统型病毒：用自己的程序试图加入或取代部分操作系统功能。

4. 按照计算机病毒的传播媒介分类

根据病毒的传播媒介可分为单机病毒和网络病毒。

单机病毒：载体是移动存储设备，病毒从移动存储设备传入硬盘，感染系统后再传染其他移动存储设备，进而感染其他系统。现在单机病毒的载体有很多，如 U 盘、光盘、移动硬盘、闪存卡等。

网络病毒：传播媒介是网络，利用计算机网络的协议或命令以及 E-mail 等进行传播，常见的是通过 QQ、BBS、E-mail、FTP、Web 等传播。网络病毒往往造成网络阻塞，可修改网页，甚至与其他病毒结合修改或破坏文件。

5. 按照病毒的破坏情况分类

根据病毒的破坏情况可分为良性病毒和恶性病毒。良性和恶性是相比较而言的，不可轻视任何一种病毒对计算机系统造成的损害。

6. 按照病毒的寄生对象方式分类

根据病毒的寄生对象方式可分为引导型病毒、文件型病毒、混合型病毒。

7. 按照病毒的驻留方式分类

根据病毒的驻留方式可分为驻留内存型病毒和不驻留内存型病毒。

8. 按广义病毒概念分类

根据广义病毒概念可分为以下几种。

蠕虫（Worm）：通过网络或程序漏洞自主传播，向外发送带毒邮件或通过即时通信工具（如 QQ、MSN 等）发送带毒文件，阻塞网络的正常通信。

逻辑炸弹（Logic Bomb）：在特定逻辑条件满足时实施破坏的计算机程序，该程序触发后会造成计算机数据丢失、计算机不能从硬盘或者软盘引导，甚至会使整个系统瘫痪，并出现物理损坏的虚假现象。

特洛伊木马（Trojan Horse）：通常假扮成有用的程序诱骗用户主动激活，或利用系统漏洞侵入用户计算机。木马进入计算机后隐藏在系统目录下，然后修改注册表，完成黑客定制的操作。

陷门：在某个系统或者某个文件中设置机关，使得当提供特定的输入数据时，允许违反安全策略。

细菌（Germ）：不断繁殖，直至填满整个网络的存储系统。

8.4.3 计算机病毒的入侵途径

计算机病毒进入系统传播主要有以下四种途径。

1. 不可移动的计算机硬件设备

这些设备通常有计算机的专用 ASIC 芯片和硬盘等。这种病毒虽然极少但破坏力极强，目前尚无较好的检测手段对付。

2. 可移动的存储设备

计算机病毒可通过可移动的存储设备进行病毒传播，例如，U 盘、CD、软盘、移动硬盘等都可以是传播病毒的路径，而且因为它们经常被移动和使用，所以更容易得到计算机病毒的青睐，成为计算机病毒的传播媒介。一部分计算机是从这类途径感染病毒的。

3. 网络

将网络上带有病毒的文件、邮件下载或接收后打开或运行，病毒就会扩散到网络中的计算机上。服务器是网络整体或部分的核心，一旦其关键文件被感染，通过服务器的扩散，病毒就会对网络系统造成巨大的破坏。在信息国际化的同时，病毒也在国际化，计算机网络已经成为计算机病毒传播的主要途径。

4. 通信系统

通过点对点通信系统和无线通信信道也可传播计算机病毒。目前出现的手机病毒就是利用无线信道传播的。

8.4.4 计算机病毒的清除

计算机病毒的清除（杀毒）是指将感染病毒的文件中的病毒模块摘除，并使之恢复为可以正常使用的文件的过程。根据病毒编制原理的不同，计算机病毒的清除原理也是大不相同的。

1. 病毒的清除原理

（1）引导型病毒的清除　引导型病毒的物理载体是磁盘。消除这类计算机病毒的基本思想是：用原来正常的分区表信息或引导扇区信息覆盖计算机病毒程序。

对于那些对分区表和引导扇区内容进行搬移的计算机病毒，则要分析这段计算机病毒程序，找到被搬移的正常引导扇区内容的存放地址，将它们读到内存中，并写回到被计算机病毒程序侵占的扇区；对于那些不对分区表进行搬移的计算机病毒，只能从一个与该计算机硬盘相近的机器中提取出正常的分区记录的信息，将其读入内存，再将被计算机病毒覆盖的分区记录读到内存中，取其尾部 64 字节分区信息内容，放到读入的正常分区记录内容的相应部分，最后将其内容写回硬盘。

应该指出的是：以上的解毒过程应是在系统无毒的状态下进行。

当然最简单、安全的清除方式还是使用专业的杀毒软件来消除这类计算机病毒。大多数病毒防治软件能够检测和清除已知的引导型病毒。通过监测磁盘的引导扇区，可以自动检测出病毒，并准确识别病毒，包括病毒的类型和名称，之后自动修复被感染的引导扇区。

（2）文件型病毒的清除　覆盖型文件病毒是一种破坏型病毒，由于该病毒硬性地覆盖掉了一部分宿主程序，使宿主程序被破坏，因此即使把病毒杀掉，程序也已经不能修复。对于覆盖型的文件，只能将其彻底删除，没有挽救原来文件的余地。如果没有备份，将会造成很大的损失。

除了覆盖型的文件型病毒之外，其他感染 COM 型和 EXE 型的文件型病毒都可以被清除干净。因为病毒是在基本保持原文件功能的基础上进行传染的，既然病毒能在内存中恢复被感染文件的代码并予以执行，那么也可以仿照病毒的方法进行传染的逆过程，即将病毒清除出被感染文件，并保持其原来的功能。

如果已中毒的文件有备份，则只要把备份的文件复制回去即可；如果没有，则比较麻烦。执行文件如果加上免疫疫苗，遇到病毒时，则程序可以自行复原；如果文件没有加上任何防护，则就只能够靠杀毒软件来清除，但是用杀毒软件来清除病毒也不能保证完全复原所有的程序功能，甚至有可能出现越清除越糟糕，以至于在清除病毒之后文件反而不能执行的情况。因此，用户必须平时勤备份自己的资料。

由于某些病毒会破坏系统数据，例如，破坏目录和文件分配表 FAT，因此，在清除完计算机病毒之后，系统要进行维护工作。病毒的清除工作与系统的维护工作往往是分不开的。

（3）清除交叉感染病毒　　有时，一台计算机内同时潜伏着几种病毒，当一个健康程序在这个计算机上运行时，会感染多种病毒，引起交叉感染。

如果在多种病毒在一个宿主程序中形成交叉感染的情况下杀毒，一定要十分小心。因为杀毒时必须分清病毒感染的先后顺序，先清除感染的病毒，否则虽然病毒被杀死了，但程序也不能使用了。

2. 感染病毒后采取的措施

当系统感染病毒后，应立即采取以下措施进行处理，以恢复系统或受损部分。

（1）隔离　　当计算机感染病毒后，可将其与其他计算机进行隔离，避免相互复制和通信。当网络中的某节点感染病毒后，网络管理员必须立即切断该节点与网络的连接，以避免病毒扩散到整个网络。

（2）报警　　病毒感染点被隔离后，要立即向网络系统安全管理人员报警。

（3）查毒源　　接到报警后，系统安全管理人员可使用相应的防病毒系统鉴别受感染的机器和用户，检查那些经常引起病毒感染的节点和用户，并查找病毒的来源。

（4）采取应对方法和对策　　系统安全管理人员要对病毒的破坏程度进行分析检查，并根据需要采取有效的病毒清除方法和对策。若被感染的大部分是系统文件和应用程序文件，且感染程度较深，则可采取重装系统的方法来清除病毒；若感染的是关键数据文件，或破坏较为严重，则可请防病毒专家进行清除病毒和恢复数据的工作。

（5）修复前备份数据　　在对病毒进行清除前，应尽可能地将重要的数据文件备份，以防在使用防病毒软件或其他清除工具查杀病毒时破坏重要数据文件。

（6）清除病毒　　重要数据备份后，运行查杀病毒软件，并对相关系统进行扫描。发现有病毒，立即清除。若可执行文件中的病毒不能清除，应将其删除，然后安装相应的程序。

（7）重启和恢复　　病毒被清除后，重新启动计算机，再次用防病毒软件检测系统中是否还有病毒，并将被破坏的数据进行恢复。

8.4.5　计算机病毒的防范措施

计算机病毒的防范是网络安全体系的一部分，应该与防黑客和灾难恢复等方面综合考虑，形成一整套安全体制。

1. 用户病毒防范措施

（1）安装杀毒软件和个人防火墙　　安装正版的杀毒软件，并注意及时升级病毒库，定期对计算机进行查毒杀毒，每次使用外来磁盘前也应对磁盘进行杀毒。正确设置防火墙规则，预防黑客入侵，防止木马盗取机密信息。

（2）禁用预览窗口功能　　电子邮件客户端程序大都允许用户不打开邮件直接预览。由于预览窗口具有执行脚本的能力，某些病毒只需预览就能够发作，所以应该禁止预览窗口功能。

如果将 Word 当作电子邮件编辑器使用，就需要将 Normal.dot 设置成只读文件。许多病毒通过更改 Normal.dot 文件进行自我传播，采取上述措施至少可具有一定的阻止作用。

（3）不要随便下载文件　　不要随便登录不明网站，有些网站缺乏正规管理，很容易成为病毒传播的源头。下载软件应选择正规的网站，下载后应立即进行病毒检测。

对收到的包含 Word 文档的电子邮件，应立即用能清除宏病毒的软件进行检测，或者使用"取消宏"的方式打开文档。对于通过 QQ、MSN 等聊天软件发送过来的链接和文件，不要随便点击和下载，应该首先确认对方身份是否真实可靠。

（4）备好启动盘，并设置写保护　在对计算机系统进行检查、修复和手工杀毒时，通常要使用无毒的启动盘，使设备在较为干净的环境下进行操作。同时，尽量不用 U 盘、移动硬盘或其他移动存储设备启动计算机，而用本地硬盘启动。

（5）安装防病毒工具和软件　为了防止病毒的入侵，一定要在计算机中安装防病毒软件，并选择公认的质量好、升级服务及时、能够迅速有效地响应和跟踪新病毒的防病毒软件。

由于病毒层出不穷及不断更新，要有效地扫描病毒，防病毒产品就必须适应病毒的发展，及时升级，这样才能保证所安装的防病毒软件中的病毒库是最新的，也只有这样才能识别和杀灭新病毒，为系统提供真正的安全环境。防病毒软件的升级指厂商增加了查杀若干新类型病毒的功能，及时升级会使用户的计算机系统增强对这些病毒的防御能力。

防病毒软件一般都提供实时监控功能，这样无论是在使用外来软件还是在连接到网络时，都可以先对其进行扫描，如果有病毒，防病毒软件会立即报警。

（6）经常备份系统中的文件　备份工作应该定期或不定期地进行，确保每一过程和细节的准确、可靠，以便在系统崩溃时最大限度地恢复系统，减少可能出现的损失。

系统数据，如分区表 DOS 引导扇区等，需要用 BOOT_SAFE 等实用程序或 Debug 编程手段做好备份，作为系统维护和修复时的参考。重要的用户数据也应当及时备份。

备份时，尽可能地将数据和系统程序分别存放。可以通过比照文件大小、检查文件个数、核对文件名来及时发现病毒。

（7）不要设置过于简单的密码，并定期更改密码　有许多网络病毒是通过猜测简单密码的方式攻击系统的，因此使用复杂的密码可大大提高计算机的安全系数。

用户一般都有好几个密码，如系统密码、邮箱密码、网上银行密码、QQ 密码等。密码不要一样，设置要尽可能复杂，大小写英文字母和数字要综合使用，以减少被破译的可能性。密码要定期更改，最好几个月更改一次。

在遭受木马的入侵之后，用户密码很可能被泄露，因此，必须在清除木马后立即更改密码，以确保安全。网络诈骗邮件标题通常为"账户需要更新"，内容是一个仿冒网上银行的诈骗网站的链接，诱骗消费者提供密码、银行账户等信息，千万不要轻信。

（8）删除可疑的电子邮件　通过电子邮件传播的病毒特征较为鲜明，信件内容为空或有简短的英文，并附有带病毒的附件。千万不要打开可疑电子邮件中的附件。

如果系统不采用基于服务器的电子邮件内容过滤方式，那么终端用户可以使用电子邮件收件箱规则自动删除可疑信息或将其移到专门的文件夹中。

计算机病毒都是有源头的，能造成危害的原因是它能进行广泛的传播。因此，对于普通的计算机用户来说，只要平时多注意些，还是可以在一定程度上避免病毒入侵的。

（9）注意自己的计算机最近有无异常　计算机病毒出现什么样的表现症状，是由计算机病毒的设计者决定的。而计算机病毒设计者的思想又是不可判定的，因此，计算机病毒的具体表现形式也是不可判定的。然而可以肯定的是，病毒症状是在计算机系统的资源上表现出来的，具体出现哪些异常现象和所感染病毒的种类直接相关。

由于在技术上防杀病毒尚无法达到完美的程度，难免会有新病毒突破防护系统的保护传染到计算机中，因此，为能够及时发现异常情况，不使病毒传染到整个磁盘或相邻的计算机，应对病毒发作时的症状予以注意。

（10）新购置的计算机软件或硬件也要先查毒再使用　由于新购置的计算机软件和硬件中可能会携带病毒，因此需要先进行病毒检测或查杀，证实无病毒后再使用。

虽然曾经在著名厂商发售的正版软件中发现了病毒，但总的来说，正版软件还是可靠得多。新购置的硬盘中也可能会携带病毒。由于对硬盘只做 DOS 的 FORMAT 格式化是不能去除主引导区和分区表扇区中的病毒的，因此可能需要对硬盘进行低级格式化。

（11）尽量专机专用　不要随意让别人使用自己的计算机，尤其是重要部门的计算机，尽量专机专用且与外界隔绝，至少要保证不让别人在自己的机器上使用曾经在别的机器上使用过的 U 盘等移动存储设备。除非先进行查毒，在确认无病毒的情况下才可以使用。

同时，应尽量避免在无防病毒措施的机器上使用 U 盘、移动硬盘、可擦写光盘等可移动的存储设备。不要随意借入和借出这些移动存储设备。在使用借入或返还的这些设备时，一定要先使用杀毒软件查毒，避免感染病毒。对返还的设备，若有干净备份，应重新格式化后再使用。

（12）多了解病毒知识　了解一些病毒知识，可以及时发现新病毒并采取相应措施，在关键时刻使自己的计算机免受病毒的破坏。一旦发现病毒，应迅速隔离受感染的计算机，避免病毒继续扩散，并使用可靠的查杀工具进行查杀。

对于计算机病毒的防治，不仅要有完善的规章制度，还要有健全的管理体制。因此，只有提高认识、加强管理，做到措施到位，才能防患于未然，减少病毒入侵后所造成的损失。

2. 服务器病毒防范措施

（1）安装正版杀毒软件　局域网要安装企业版产品，根据自身要求进行合理配置，经常升级并启动"实时监控"系统，充分发挥安全产品的功效。在杀毒过程中要全网同时进行，确保彻底清除。

（2）拦截受感染的附件　电子邮件是计算机病毒最主要的传播媒介，许多病毒经常利用在大多数计算机中都能找到的可执行文件来传播。实际上，大多数电子邮件用户并不需要接收这类文件，因此，当它们进入电子邮件服务器时可以将其拦截下来。

（3）合理设置权限　系统管理员要为其他用户合理设置权限，在可能的情况下，将用户的权限设置为最低。这样，即使某台计算机被病毒感染，对整个网络的影响也会相对降低。

（4）取消不必要的共享　取消局域网内一切不必要的共享，共享的部分要设置复杂的密码，以最大程度地降低被黑客木马程序破译的可能性，同时也可以减少病毒传播的途径，提高系统的安全性。

（5）重要数据定期存档　每月应该至少进行一次数据存档，这样便可以利用存档文件成功地恢复受感染文件。

本章小结

本章首先介绍了网络安全的概念、网络安全的主要特性、网络安全系统功能等方面的基础知识，然后介绍了网络安全的标准和等级，接着重点介绍了防火墙技术，阐述了防火墙的体系结构，最后介绍了计算机病毒的知识以及病毒的清除与防范方法。总之，读者要利用一切合理、科学的方法来不断学习和提高自己的计算机使用和保护能力。在日益复杂的网络时代将计算机病毒发现得更早、防范得更好，使计算机与网络真正成为人们的得力助手，提高人们的工作效率。

思考与练习

一、选择题

1. 通常所说的"计算机病毒"是指_____。

A. 细菌感染 B. 生物病毒感染

C. 被损坏的程序 D. 特制的具有破坏性的程序

2. 一般而言，Internet 防火墙建立在一个网络的_____。

A. 内部子网之间，传送信息的中枢外 B. 每个子网的内部

C. 内部网络与外部网络的交叉点外 D. 部分网络和外部网络的结合处

3. 按照防火墙保护网络使用方法的不同，防火墙可分为网络层防火墙、应用层防火墙和_____。

A. 物理层防火墙 B. 会话层防火墙 C. 链路层防火墙 D. 传输层防火墙

4. _____可以根据报文自身头部包含的信息来决定转发或阻止该报文。

A. 代理防火墙 B. 包过滤防火墙 C. 报文摘要 D. 私钥

5. 计算机病毒会造成计算机_____的损坏。

A. 硬件、软件和数据 B. 硬件和软件

C. 软件和数据 D. 硬件和数据

6. 发现计算机感染病毒后，较为彻底的清除方法是_____。

A. 用查毒软件处理 B. 用杀毒软件处理

C. 删除磁盘文件 D. 重新格式化磁盘

二、简答题

1. 解释网络安全的定义。

2. 什么是防火墙？都有哪些类型？试举例说明。

3. 防火墙的作用是什么？

4. 防火墙主要有哪三种体系结构？分别阐述一下各自的优缺点。

5. 什么是计算机病毒？有哪些特点？

6. 计算机病毒的入侵方式有哪些？

7. 阐述一下计算机病毒的防范措施。

第 9 章
无线通信技术

进入 21 世纪以来，随着计算机技术、无线电和微波等通信技术的飞速发展，以及便携式电子通信设备（如智能手机、iPad、笔记本计算机、智能穿戴设备等）的快速普及，人们对无线通信的需求增长迅猛，无线通信技术正在以前所未有的速度向前发展。本章首先对无线通信的发展历程、应用及发展趋势进行简要介绍，然后对短距离无线通信技术、低功耗广域网通信技术、蜂窝移动通信技术进行介绍。

9.1 无线通信概述

9.1.1 无线通信的发展历程

无线通信（Wireless Communication）就是不使用导线、电缆、光纤等有线介质，而是利用电磁波信号可以在自由空间中传播的特性进行信息交换的一种通信方式。

从 19 世纪中后期开始，人们逐步开展了在无线通信领域的探索和研究。1865 年，著名英国物理学家麦克斯韦（J.C.Maxwell）在总结已有电磁学知识的基础上预言了电磁波的存在。1887 年，德国物理学家赫兹（H.R.Hertz）用实验证明了麦克斯韦关于电磁波的预言。1899—1901 年，英国人马可尼（Marconi）先后成功实现了横跨英吉利海峡的无线通信和横跨大西洋（从英国到纽芬兰岛，超过 2700km）的远距离无线通信，马可尼的两次成功实验充分显示了无线通信的巨大发展潜力。1906 年，加拿大物理学家雷金纳德·奥布里·费森登（Reginald Aubrey Fessenden）在美国马萨诸塞州使用外差法实现了历史上首次无线电广播通信，本次广播开启了利用无线电传输语音的先河，被公认为无线电声音广播诞生的标志。

20 世纪中期，无线通信从原有的固定方式发展为移动方式，蜂窝移动通信（Cellular Mobile Communication）登上了历史舞台。蜂窝移动通信从模拟无线通信发展到数字无线通信，从早期的大区制蜂窝系统，支持很少的用户、很低的数据传输速率，但是有较远的传输距离，到目前的宏蜂窝、微蜂窝，通信半径越来越小，支持的用户越来越多，数据传输速率越来越高。从 2G、2.5G、3G、4G，到目前在国内已经应用的 5G，毫无疑问，蜂窝移动通信技术的产生、发展及应用是通信领域最伟大的成就之一。蜂窝移动通信对于国民经济和国家安全具有越来越重要的意义。

9.1.2 无线通信的应用

无线通信最早应用于航海中船只与船只或船只与港口间传递信息。随着无线通信技术的飞速发展，无线通信的应用范围越来越广泛，目前无线通信的应用主要有无线数据网、蜂窝移动通信、无线电广播以及电视、空调的遥控等方面。

1. 声音广播

无线广播是以无线电波为载体来传输信号的广播方式。自 1920 年美国首次成功使用无线电声音广播后，多个国家纷纷建立了广播电台。无线广播的大致过程是先将声音信号转变为电信号，由电磁波携带着向周围空间传播，在接收点利用接收机接收到这些电磁波后，将其中的电信号还原成声音信号。

2. 电视广播

使用无线电波或有线介质同步传输声音和图像信息的过程成为电视广播。电视广播具有传播信息形象化、及时性、广泛性等特征。电视广播的产生是人类社会发展、科技进步的结果。1936 年，英国广播公司建立了第一座电视台，正式播出节目。1958 年 5 月 1 日，我国第一座电视台（北京电视台）建立并试播，同年 9 月正式播出，1978 年更名为中央电视台。广播电视作为现代化的大众传播媒介，在及时宣传党的路线、方针、政策以及国家建设取得的巨大成就，向广大群众传播现代科学技术知识，提升全民族的科学文化素质，对社会经济活动进行监督，树立正气，纠正不正之风等方面发挥了重要的宣传功能、教育功能和监督功能。

3. 蜂窝移动通信

蜂窝移动通信是采用蜂窝无线组网方式在终端和网络设备之间通过无线通道连接起来，进而实现用户在活动中的相互通信。其主要特征是终端的移动性，并具有越区切换和跨本地网自动漫游功能。蜂窝移动通信可以为移动用户提供语音、数据、视频图像等业务。

改变世界的几种主要技术之一的蜂窝移动通信技术是计算机与移动互联网发展的重要成果。经过前四代技术的发展，目前蜂窝移动通信技术已经进入了第五代（5G）发展阶段。从模拟制式的移动通信系统、数字蜂窝通信系统、移动多媒体通信系统，到目前的高速移动通信系统，移动通信技术在速度不断提升的基础上不断减少延时与误码率，技术的稳定性与可靠性不断提升。经过几十年的高速发展，移动通信的发展对人们的生活、生产、工作、娱乐等诸多方面都产生了深刻的影响，无人机、智能家居、网络视频、网上购物、无人驾驶等均已实现。

随着移动通信技术的不断发展，移动通信设备的形态不断升级，性能不断地提升，为人们提供了越来越多的高速、优质的通信服务。

4. 无线数据传输

无线数据传输是指利用无线数据传输模块将某现场设备输出的数据或者各种物理量进行远程传输，无线数据传输设备有数据传输电台（专网）、宽带 Wi-Fi（专网）、ZigBee（专网）、GPRS（公网）、3G 网络（公网）、4G 网络（公网）等。相比较而言，用无线数据传输设备组建专网系统具有投资少、开通快、维护简单、适应性强、扩展性能好等优点。

5. 无线通信的其他应用

无线通信技术的应用范围非常广泛，除了上文介绍的主要应用以外，无线通信技术在提供卫星定位与导航、紧急救援服务、雷达探测等方面都有着不可替代的作用。对于无线电爱好者来说，业余无线电台为大家提供了一个很好的研究无线通信技术的平台，深受广大爱好者的喜爱。

9.1.3 无线通信的发展趋势

1. 第 5 代移动通信（5G）逐步商用

2013 年 2 月，由国家科学技术部、工业和信息化部、国家发展和改革委员会联合组织成立了中国 IMT-2020（5G）推进组，旨在聚合中国产学研力量打造、推动中国 5G 技术研究和搭建国际交流与合作平台。国家高技术研究发展计划（863 计划）也在 2013 年 6 月启动了"5G 关键技术研究"重大项目，前瞻性地部署 5G 需求、技术、标准、频谱、知识产权等研究，建立 5G 国际合作推进平台。

2019 年 6 月 6 日，工业和信息化部向中国移动、中国联通、中国电信、中国广电四家运营商正式颁发了 5G 商用牌照，这标志着我国迈入 5G 商用元年。2019 年 11 月 1 日，其中三家运营商 5G 移动通信套餐生效，我国 5G 正式商用。

5G 的峰值速率和用户速率提升到 4G 的 10 倍以上，时延降低到 1/10，可靠性较 4G 大大提高。5G 的商用不仅关注通话质量、上网速率的提升，更加聚焦物与物、人与物的万物互联服务。目前，5G 移动通信技术发展态势稳定，与相关行业的深度融合将催生无人驾驶、远程医疗、智能制造、智能电网、建筑安全管理等行业的广泛应用。

2. 移动、宽带业务逐步融合

随着移动通信和互联网的迅猛发展，通信网络和业务正发生着根本性的变化，主要体现在两方面：一是从以传统的语音业务为主向综合信息服务的方向发展；二是通信的主体将从人与人扩展到万物互联，通信服务渗透到人们生活的方方面面。

"移动＋宽带"刺激新型技术层出不穷，极大地促进了技术创新，其他无线技术如超宽带（UWB）、蓝牙（Bluetooth）、射频识别技术（RFID）、ZigBee 技术等都有了用武之地。顺应这一发展趋势，相关行业将逐步融合，通过一系列新的技术、新的业务和应用来满足市场的需求。融合将是全方位多层次的，包括网络融合、业务融合和终端融合。特别是固定网与移动网的融合，通信、计算机、广播电视和传感器网络的融合成为发展的大趋势，而且已经在技术、市场、设备等方面逐渐具备条件。

各种无线网络融合将催生许多新的业务类型，从丰富的个人业务到日益崛起的行业应用；从人与人之间的通信到人与机、机与机之间的通信，日益多样化的无线业务应用展现了无线信息社会的美好未来。

3. 关键技术逐步突破

未来的无线通信技术数据传输速率更高，同时需要具有更高的安全性、智能性和灵活性，以及更好的传输质量和服务质量。但是，当前无论是蜂窝移动通信技术还是 WiMAX、WLAN 等无线宽带技术，都面临着无线信道多径衰落和频谱利用率低等难题。OFDM 技术的出现，有效解决了多径衰落问题，但增加了载波的数量，造成了系统复杂度的提升和带宽的增加。MIMO 技术则能够有效提高系统的传输速率，在不增加系统带宽的情况下提高频谱效率。智能天线技术能有效地克服无线通信中复杂地形、建筑物结构等对电波传播的影响，以及多径、共信道干扰等产生的不利影响。这些新技术的出现，有力地推动了无线通信技术的发展。

9.2　短距离无线通信技术

9.2.1　短距离无线通信技术概述

随着网络技术、通信技术、电子技术的快速发展和便携式电子产品的迅速普及，人们对无线通信的需求越发强烈，无线通信在各类生产生活中显示出了巨大的发展潜力。短距离无线通信技术是无线通信技术的一个重要分支，因其在经济成本、传输效率、安全性等方面具有突出的优势，因此受到了世界各国工业界和研究机构的广泛关注。短距离无线通信技术的范围较为广泛，工业界和学术界对其无严格定义，在一般意义上，只要通信收发双方通过无线电波传输信息，并且传输距离限制在较短的范围内（通常为几十米以内），就可以称为短距离无线通信。

从通信范围看，短距离无线通信技术一般分为无线个域网（Wireless Personal Area Networks，WPAN）和无线局域网（Wireless Local Area Networks，WLAN）两类。无线个域网是为了实现活动半径小、业务类型丰富、面向特定群体、无线无缝的连接而提出的新兴无线通信网络技术，通信覆盖范围一般在 10m 以内，一般这个距离是一个人可达的范围，典型技术为蓝牙技术（Bluetooth）、HomeRF 技术和 IrDA 红外技术。无线局域网是指应用无线通信技术将计算机设备互联起来，构成可以互相通信和实现资源共享的网络体系，通信覆盖范围比无线个域网大，一般在 100m 以内，典型技术为 Wi-Fi。除此之外，通信距离在毫米至厘米量级的近场通信（Near Field Communication，NFC）技术和可覆盖几百米范围的无线传感器网络（Wireless Sensor Networks，WSN）技术的出现，进一步扩展了短距离无线通信的涵盖领域和应用范围。从通信速率看，短距离无线通信技术可分为高速短距离无线通信技术和低速短距离无线通信技术两类。高速短距离无线通信技术主要用于连接下一代便携式消费电器和通信设备，通信速率一般大于 100Mbit/s，典型技术有高速超宽带（UWB）技术。低速短距离无线通信技术主要用于家庭、工厂与仓库的自动化、安全监视、保健监视、环境监视、军事行动、消防队员操作指挥、货单自动更新、库存实时跟踪及游戏和互动式玩具等方面，通信速率一般小于 1Mbit/s，典型技术有紫蜂（ZigBee）技术。

不同的短距离无线通信技术具有不同的优缺点，适用于不同的应用场景。一般来说，典型的短距离无线通信技术具有以下几个显著特征。

（1）成本低　短距离无线通信技术与消费类电子产品和无线传感网的应用密切相关，这两类产品的应用量巨大，较低的成本是其迅速推广和普及的重要因素。

（2）功耗低　由于短距离无线应用的便携性和移动特性，低功耗是基本要求。另外，多种短距离无线应用可能处于同一环境之下，如 WLAN 和微波 RFID，在满足服务质量的前提下要求有更低的输出功率，避免造成相互干扰。

（3）多使用免执照频段　考虑到短距离无线通信的民用性和通用性，多数短距离无线通信技术使用的频段集中于 ISM 频段中的 2.4GHz 频段。

（4）多采用电池供电　短距离无线通信产品一般都是便携式的微型化电子设备，功耗较低，因此多数设备的供电都是采用可充电式的锂电池或者普通干电池。

9.2.2　典型的短距离无线通信技术

短距离无线通信技术以其丰富的技术种类和优越的技术特点，满足了不同应用场景的无线通信需求。本小节将对几种典型的短距离无线通信技术进行简要介绍，使读者对短距离无线通信技术有一个总体的认识和了解。

1. Wi-Fi 技术

Wi-Fi 是一种能够将个人计算机、便携式电子设备（如平板计算机、智能手机、笔记本计算机）等终端以无线方式互相连接的技术。目前我国多数大型商场、企业、娱乐场馆、机场、车站、公园等公共场所都已经覆盖了 Wi-Fi 网络，大部分家庭也通过无线路由器实现了 Wi-Fi 网络覆盖，Wi-Fi 已经成为当今使用最广的一种无线网络传输技术。

Wi-Fi 网络一般由无线网卡和一台 AP（Access Point）组成。AP 一般称为无线访问接入点或桥接器，它是传统的有线局域网络与无线局域网络之间的桥梁，因此任何一台装有无线网卡的计算机或智能设备都可通过 AP 快速且轻易地与网络相连。相比较于有线网络，Wi-Fi 网络更显优势，具体如下：

（1）灵活性和移动性较强　在有线网络中，网络设备的安放位置会受网络布线、房屋结构、使用位置等因素的限制，并且移动性较差。而 Wi-Fi 网络环境下，无线信号覆盖区域内的任何一个位置都可以接入网络，接入网络的设备也能够自由移动。

（2）无须布线、成本低廉　有线网络需要布置大量的网线和网线接头，施工和维护费用较高。而 Wi-Fi 网络无须布置大量的网线，只需要安装一个无线 AP 设备即可，架设费用和复杂程序远远低于有线网络，因此非常适合移动办公用户的需要，具有广阔的市场前景。

（3）网络扩展能力较强　Wi-Fi 网络有多种配置方式，可以很快地从只有几个用户的小型局域网扩展到具有上千用户的大型网络，并且能够提供节点间漫游等有线网络无法实现的特性，有效地提升了网络的使用效率和使用范围。

Wi-Fi 是基于 IEEE 802.11 标准的无线局域网技术。IEEE 802.11 工作组研究并标准化了完整的 Wi-Fi 技术体系，涵盖从物理层核心标准到频谱资源、管理、视频车载应用等的一系列标准，发展进程表见表 9-1。IEEE 802.11 工作组在 1997 年发布了无线局域网的第一个标准 802.11，该协议工作在 2.4GHz 的 ISM（Industrial Scientific and Medical）频段，采用扩频通信技术，支持 1Mbit/s 和 2Mbit/s 的数据传输速率。随后在 1999 年，工作组分别发布两个新标准：IEEE 802.11a 标准工作在 5GHz 的 U-NII（Unlicensed National Information Infrastructure）频段，采用 OFDM 调制技术，支持最高 54Mbit/s 的数据传输速率；IEEE 802.11b 标准工作于 2.4GHz 频段，采用 CCK（Complementary Code Keying）调制技术，支持 11Mbit/s 的数据传输速率。由于 802.11a 和 802.11b 在成本、兼容性、传输速率、抗干扰性、传输距离等方面存在缺陷，因此工作组在 2003 年发布了新一代的 IEEE 802.11g 标准，该标准工作在 2.4GHz 的 ISM 频段，支持 54Mbit/s 的数据传输速率，继承了 802.11b 网络覆盖范围广和设备价格比较低的优点。随着人们对高质量和高带宽的网络服务需求日趋强烈，工作组在 2009—2011 年先后发布了 802.11n、802.11ac 和 802.11ad 三个标准。802.11n 增加了对多输入多输出（Multi-Input Multi-Output，MIMO）技术的支持，允许 40MHz 的无线频宽，最大传输速率理论值为 600Mbit/s，同时，通过使用 Alamouti 提出的空时分组码扩大了数据传输范围。802.11ac 将上一代标准的工作频宽扩展到 80MHz 甚至 160MHz，并结合 MIMO 技术，提供高达 3.2Gbit/s 的数据传输速率，同时通过协议设计提供向后兼容的能力。802.11ad 则选择了高频载波的 60GHz 频谱和 MIMO 技术来实现高速无线传输，传输能力达到 6.7Gbit/s。但是由于 60MHz 频率的载波穿透能力较差，在空气中信号衰减也比较严重，有效连接只能局限于一个较小的范围内。

表 9-1　IEEE 802.11 标准化发展进程表

协议	发布日期	频带	最大传输速率
802.11	1997	2.4～2.5GHz	2Mbit/s
802.11a	1999	5.15～5.35/5.47～5.725/5.725～5.875GHz	54Mbit/s
802.11b	1999	2.4～2.5GHz	11Mbit/s
802.11g	2003	2.4～2.5GHz	54Mbit/s

（续）

协议	发布日期	频带	最大传输速率
802.11n	2009	2.4GHz 或 5GHz	600Mbit/s（4MIMO，40MHz）
802.11ac	2011	2.4GHz 或 5GHz	3.2Gbit/s（8MIMO，160MHz）
802.11ad	2011	60GHz	6.7Gbit/s（大于 10MIMO）

2. 蓝牙技术

蓝牙（Bluetooth）技术是一种短距离无线数据和语音传输的全球性开放式技术规范，主要为智能穿戴设备、平板计算机、智能手机等移动通信终端设备提供低成本、低功耗、灵活安全、方便快捷的无线通信服务，是目前实现无线个域网通信的主流技术之一。

早在 1994 年，瑞典的 Ericsson 公司决定开发一种低成本、低功耗的无线接口，以实现无绳电话、耳机、手机等设备之间的互联。1998 年 5 月，Ericsson 公司又联合了 Nokia、Intel、Toshiba 和 IBM 四家公司共同组建了蓝牙兴趣小组（Special Interest Group，SIG），负责蓝牙技术标准的制定、产品测试，并协调各国蓝牙技术的具体使用。此后不久，Lucent、Motorola、3Com、Microsoft 等公司相继加盟 SIG，与之前的五个创始公司一同成为 SIG 的九个倡导发起者。蓝牙规范 1.0 推出以后，蓝牙技术的推广与应用得到了迅速发展，SIG 成员也快速增加至 2500 家，几乎覆盖了全球各行各业，包括通信厂商、网络厂商、外设厂商、芯片厂商、软件厂商等，甚至消费类电器厂商和汽车制造商都加入了 SIG。众多厂商的加入，使得蓝牙技术的应用场景不断丰富、蓝牙芯片的制造成本不断降低，蓝牙芯片的体积不断减小。

从目前的应用来看，由于蓝牙体积小、成本低、功耗低，其应用已不再局限于计算机外设，几乎可以被集成到任何数字设备之中，特别是那些对数据传输速率要求不高的移动设备和便携设备。蓝牙技术的特点可归纳为如下几点：

（1）全球范围适用　蓝牙工作在 2.4GHz 的 ISM 频段，全球通用，并且使用该频段不需要向所在国的无线电资源管理部门申请。

（2）语音和数据可同时传输　蓝牙采用了分组交换与电路交换技术，支持异步数据信道、三路语音信道及异步数据与同步语音同时传输的信道。

（3）可以组建临时性的对等连接（Ad-hoc Connection）　蓝牙网络中的设备可分为主设备（Master）与从设备（Slave）。蓝牙在组网连接时主动发起连接的设备是主设备，响应的设备是从设备。几个蓝牙设备连接成一个微微网（Piconet）时只有一个主设备，其余的均为从设备。微微网是蓝牙最基本的一种网络形式，最简单的微微网是由一个主设备和一个从设备组成的点对点的通信连接。

（4）具有较好的抗干扰能力　由于工作在 2.4GHz 频段的设备较多，为了解决不同设备之间的干扰问题，蓝牙采用了跳频方式来扩充频谱，将 2.402～2.48GHz 频段分成 79 个频点，相邻频点间隔 1MHz。蓝牙设备在某个频点发送数据之后，再跳到另一个频点发送，而频点的排列顺序则是伪随机的，每秒钟频率改变 1600 次。高跳频使得蓝牙系统具有较高的抗干扰能力。

（5）蓝牙芯片体积小、便于集成　由于便携式电子设备的体积相对较小，因此蓝牙芯片的体积相对更小。例如，Dialog 公司推出的 DA14531 蓝牙 5.1 芯片封装尺寸只有 2.3mm（长）和 2.3mm（宽）。

（6）低成本、低功耗　蓝牙设备有四种工作模式：激活（Active）模式、呼吸（Sniff）模式、保持（Hold）模式和休眠（Park）模式。激活模式是正常的工作状态，另外三种是低功耗模式。例如低功耗蓝牙 5.1 芯片 DA14531 的发射功耗为 3.3mAh，接收功耗为 2.3mAh，单片价格仅为 0.5 美元。

（7）具有开放的接口标准　SIG 公开了蓝牙技术的全部标准，全球所有的企业和个人都可以开发蓝牙产品，只要产品通过 SIG 的兼容性测试就可以投放市场。

自 1994 年蓝牙诞生至 2019 年，蓝牙技术规范累计公开发布了十一个版本，其标准规格不断得到更新和增强。各个版本的功能和主要特点如表 9-2 所示。

表 9-2　蓝牙技术规范简介

发布时间	蓝牙版本	最大传输速率	传输距离	加密算法	主要特点
2019 年	蓝牙 5.1	48Mbit/s	300m	AES-128	增加测向功能和厘米级定位功能
2016 年	蓝牙 5.0	48Mbit/s	300m	AES-128	超低功耗，1m 室内精准定位
2014 年	蓝牙 4.2	24Mbit/s	50m	AES-128	支持 6LowPAN，增强安全性
2013 年	蓝牙 4.1	24Mbit/s	50m	AES-128	支持 IPv6、简化设备连接、降低与 LTE 网络的干扰
2010 年	蓝牙 4.0	24Mbit/s	50m	AES	提出低功耗协议栈
2009 年	蓝牙 3.0+HS	24Mbit/s	10m	—	采用 AMP，使用 802.11 的连接
2007 年	蓝牙 2.1+EDR	3Mbit/s	10m	—	添加安全简单配对协议，是当时应用最广泛的蓝牙版本
2004 年	蓝牙 2.0+EDR	2.1Mbit/s	10m	GPSK、PSK	实际速度约为 2.1Mbit/s
2003 年	蓝牙 1.2	1Mbit/s	10m	NA	连接速度提高，传输速度提高，无线电干扰降低
2002 年	蓝牙 1.1	810kbit/s	10m	NA	增加了非加密通道，提供 RSSI
1999 年	蓝牙 1.0	723.1kbit/s	10m	NA	1.0 及以前为实验版本

3. ZigBee 技术

随着通信技术的迅猛发展，ZigBee 作为一种新兴的短距离无线通信技术，正有力地推动着 LR-WPAN 的发展。ZigBee 是基于 IEEE 802.15.4 标准的，是无线监测与控制应用的全球性无线通信标准，其简单易用、低功耗、低速率、低成本的特性，可广泛应用在工业控制、环境监测、消费电子、汽车电子、智能家居、玩具等领域，具有广阔的市场前景。

ZigBee 的物理（Physical，PHY）层和媒体访问控制（Medium Access Control，MAC）层由 IEEE 802.15.4 标准定义，而网络层、安全层和应用层协议标准则由 ZigBee 技术联盟制定。ZigBee 技术联盟成立于 2001 年 8 月。2002 年，英国 Invensys 公司、日本的 Mitsubishi 公司、美国的 Motorola 公司和荷兰的 Philip 公司共同加入了 ZigBee 技术联盟，知名公司的加入成功地推动了该技术的发展。之后该联盟迅速发展壮大，截止到目前，全球累计已有 300 多家公司加入联盟，涵盖了半导体生产商、IP 服务提供商、消费类电子厂商、玩具公司等。2004 年底，ZigBee 技术联盟发布了该技术的第一个标准 ZigBee 2004。2006 年底发布的 ZigBee 2006 标准虽然做了若干改进，但还是无法达到理想状态。2007 年 10 月，联盟对 ZigBee 协议栈进行了重大升级，推出了 ZigBee 2007，这个版本加强了对家庭自动化、建筑大楼自动化和高级抄表结构三种应用的支持，并且在大型网络和路由算法方面进行了升级。

ZigBee 无线通信标准相对于其他的无线通信标准具有比较明显的特点和优势，如低成本、易实现、可靠的数据传输、短距离操作、极低功耗、各层次的安全性等。ZigBee 技术的特点如下：

（1）低功耗　由于 ZigBee 的数据传输速率较低，终端节点工作时段的发射功率仅为 1mW，在非工作时段，终端节点可以处于休眠状态，与工作时段相比较功耗更低。因此，ZigBee 终端节点设备仅靠两节 5 号干电池就可以维持半年到两年的使用时间。

（2）低成本　由于 ZigBee 协议不需要专利费，使用的频段为免费的 ISM 频段，加之 ZigBee 协议较为简单，能够运行在 8051 单片机上，因此 ZigBee 芯片的成本较低。目前，德州仪器（TI）公司推出的 CC2530 芯片是市场上使用较为广泛的一款 ZigBee 芯片。

（3）低速率　ZigBee 有三种工作频段，分别为 868MHz（欧洲）、915MHz（美国）和 2.4GHz（全球）。不同频段的信道数量和数据传输速率不同。868MHz 频段下只有一个信道，数据传输速率为 20kbit/s，915MHz 频段下有十个信道，数据传输速率为 40kbit/s，2.4GHz 频段下有十六个信道，数据传输速率为 250kbit/s。无论处于哪个频段，ZigBee 都是一种低速率的短距离无线通信技术。

（4）低时延　ZigBee 网络中搜索设备的时延一般为 30ms，休眠激活的时延是 15ms，活动设备信道接入的时延为 15ms。相比较，蓝牙需要 3 ～ 10s，Wi-Fi 需要 3s。因此 ZigBee 技术适用于对时延要求苛刻的工业控制场合。

（5）网络容量大　ZigBee 可采用星状、簇状和网状网络结构，可以通过任一节点连接并组成更大的网络结构，从理论上讲，其可连接的节点可多达 65000 个。一个 ZigBee 网络最多可以容纳 254 个从设备和 1 个主设备，一个区域内可以同时存在最多 100 个 ZigBee 网络。

（6）传输距离灵活　ZigBee 的传输范围一般介于 10 ～ 100m 之间。但是在增加 RF 发射功率后，传输范围可增加到 1 ～ 3km。这指的是相邻节点间的距离，如果通过路由和节点间通信的接力，传输距离将可以更远。

（7）安全　ZigBee 提供了基于循环冗余校验（CRC）的数据包完整性检查功能，支持鉴权和认证，以及采用高级加密标准（AES128）的对称密码，以灵活确定其安全属性。ZigBee 提供了三级安全模式，包括无安全设定、使用访问控制列表（ACL）、防止非法获取数据。

4. RFID 技术

射频识别（Radio Frequency Identification，RFID）是一种非接触式的自动识别技术，通常又称为感应卡、非接触卡、电子标签、电子条码等。RFID 技术被认为是信息领域最优秀和应用最为广泛的技术之一。一个基本的 RFID 系统由读写器、电子标签（Tag）和系统高层组成。其原理是由读写器发射特定频率的射频信号，当电子标签进入有效工作区域时被激活，电子标签将自身编码信息发射出去；读写器接收到电子标签发送的编码信息后，将有效信息传送到后台主机系统进行相关处理；主机系统根据逻辑运算识别该标签的身份，针对不同的设定做出相应的处理和控制，最终控制读写器完成不同的读写操作。电子标签可以贴在或安装在不同物品上，由安装在不同地理位置的读写器读取存储于标签中的数据，实现对物品的自动识别。RFID 的应用非常广泛，目前的典型应用有动物芯片、汽车芯片防盗器、门禁管制、停车场管制、生产线自动化、物料管理、校园一卡通等。

RFID 技术使用的频段决定了工作原理、通信距离和应用领域。按照工作频率的不同，RFID 系统主要工作在低频、高频和超高频三个频段。其中，典型的低频工作频段有 125kHz

和 133kHz 两个，通信距离小于 1m，电子标签一般为无源标签，主要应用在门禁系统、停车场管理系统等领域；典型的高频工作频段为 13.56MHz，通信距离一般小于 1m，电子标签可通过电感耦合的方式从读写器辐射场获取能量，主要应用在智能货架管理、图书档案管理等领域；典型的超高频工作频段有 433MHz、2.45GHz、5.8GHz 等，最大通信距离可超10m，电子标签一般为有源标签，主要应用在物流与供应链管理、交通运输管理等领域。

RFID 技术的主要特点是通过电磁耦合方式来传送识别信息，不受空间限制，可快速地进行物体跟踪和数据交换。RFID 需要利用无线电频率资源，必须遵守无线电频率管理的诸多规范。具体来说，RFID 还具有如下特点：

（1）电子标签的小型化和多样化　电子标签内容的读取不受其尺寸大小和形状的限制，其外观可配合具体物品进行设计。随着电子标签技术的发展，小型化和多样化的电子标签可以更加灵活地控制物品的生产和加工，特别是在生产线上的应用。

（2）RFID 读写效率高　RFID 系统的读写速度极快，一次典型的 RFID 传输过程通常不到 100ms。高频段的 RFID 阅读器甚至可以同时识别、读取多个标签的内容，极大地提高了信息传输效率。

（3）电子标签抗污损能力强　传统条码易受到污染和折损，从而影响信息的正确识别。电子标签对水、油和药品等物质具有较强的抗污性，RFID 可以在黑暗或脏污的环境之中读取数据。

（4）电子标签可重复使用　电子标签可以重复读写，提高了利用率，降低电子污染。

（5）RFID 适用性强　RFID 技术依靠电磁波，并不需要双方的物理接触。这使得它能够无视尘、雾、塑料、纸张、木材以及各种障碍物而建立连接，直接完成通信。

（6）电子标签容量大　电子标签的容量可以是二维条码容量的几十倍，随着记忆载体的发展，数据的容量会越来越大，可实现真正的一物一码，满足信息流不断增大和信息处理速度不断提高的需要。

（7）电子标签的唯一性　每个 RFID 标签都是独一无二的，通过 RFID 标签与产品的一一对应关系，可以清楚地跟踪每一件产品的后续流通情况。

5. NFC 技术

NFC（Near Field Communication，近场通信）是由诺基亚、飞利浦和索尼公司共同推出的一种类似于 RFID（非接触式射频识别）的短距离无线通信技术标准。NFC 实际上是从RFID 演变而来的，通信距离一般小于 20cm，运行频率为 13.56MHz，通过与移动通信技术相结合，可实现移动支付、电子票务、门禁、移动身份识别、防伪等多种应用功能。

NFC 标准为了和非接触式智能卡兼容，规定了一种灵活的网关系统，具体分为三种工作模式：点对点模式、读写器模式和 NFC 卡模拟模式。点对点模式下，两个 NFC 设备可以交换数据，例如多个具有 NFC 功能的数字相机、手机之间可以利用 NFC 技术进行无线互联，实现虚拟名片或数字照片等的数据交换；读写器模式下，NFC 设备作为非接触读写器使用，例如支持 NFC 的手机在与标签交互时扮演读写器的角色，开启 NFC 功能的手机可以读写支持 NFC 数据格式标准的标签；NFC 卡模拟模式就是将具有 NFC 功能的设备模拟成一张标签或非接触卡，例如支持 NFC 的手机可以作为门禁卡、银行卡等而被读取。

与其他短距离通信技术相比，NFC 具有鲜明的特点，主要体现在以下几个方面：

（1）功耗低、距离近　NFC 是一种能够提供安全、快捷通信的无线连接技术，但 NFC

采取了独特的信号衰减技术，通信距离不超过 20cm，而其他通信技术的传输距离可以达到几米甚至几百米。由于其传输距离较近，因此功耗相对较低。

（2）NFC 更具安全性　NFC 是一种近距离连接技术，提供各种设备间距离较近的通信。与其他连接方式相比，NFC 是一种私密通信方式，加上其距离近、射频范围小的特点，其通信更加安全。

（3）NFC 与现有非接触智能卡技术兼容　NFC 标准目前已经成为主要厂商支持的正式标准，很多非接触智能卡都能够与 NFC 技术相兼容。

（4）传输速率较低　NFC 标准规定具备了三种数据传输速率，最高的仅为 424kbit/s，传输速率相对较低，不适合音视频流等需要较高带宽的应用。

6. UWB 技术

UWB（Ultra Wide Band，超宽带）技术是一种短距离无线载波通信技术。UWB 技术最早被美国用于军事领域中的雷达定位及测距。2002 年，美国联邦通信委员会（FCC）正式批准将 UWB 技术用于民用产品（任何人不必申请就可以使用超宽带频段 3.1 ～ 10.6GHz 进行通信），UWB 技术的民用化极大地激发了相关学术研究和产业化进程。

与传统的窄带通信相比，如蓝牙和 Wi-Fi 等，UWB 通信方式不利用余弦波进行载波调制，而是利用纳秒级的非正弦波窄脉冲。较宽的频谱、较低的功率、脉冲化数据，意味着UWB 引起的干扰小于传统的窄带无线解决方案，并能够在室内无线环境中提供与有线通信相媲美的性能。通过在较宽的频谱上传送极低功率的信号，UWB 能在 10m 左右的范围内实现数百 Mbit/s 至数 Gbit/s 的数据传输速率。UWB 的主要特点如下：

（1）抗干扰性能强　UWB 采用跳时扩频信号，可使系统具有较大的处理增益，在发射时将微弱的无线电脉冲信号分散在宽阔的频带中，在解扩过程中产生扩频增益。因此，UWB 比蓝牙和 Wi-Fi 有更强的抗干扰性能。

（2）传输速率高　UWB 可以达到数百 Mbit/s 至数 Gbit/s 的数据传输速率。

（3）带宽极宽　UWB 使用的带宽在 1GHz 以上。超宽带系统容量大，并且可以和目前的窄带通信系统同时工作而互不干扰。这在频率资源日益紧张的今天，开辟了一种新的时域无线电资源。

（4）消耗电能小　通常情况下，无线通信系统在通信时需要连续发射载波，因此要消耗一定电能。而 UWB 不使用载波，只是发出瞬间脉冲电波，也就是直接按 0 和 1 发送出去，并且在需要时才发送脉冲电波，所以消耗电能小。

（5）保密性好　UWB 的保密性表现在两方面：一方面是采用跳时扩频，接收机只有在已知发送端频码时才能解出发射数据；另一方面是系统的发射功率谱密度极低，用传统的接收机无法接收。

（6）发送功率小　UWB 系统的发射功率非常小，通信设备用小于 1mW 的发射功率就能实现通信。低发射功率大大延长系统电源的工作时间。而且，发射功率小，其电磁波辐射对人体的影响也会小，应用面就广。

我国在 2001 年 9 月初发布的"十五"国家 863 计划通信技术主题研究项目中，首次将"超宽带无线通信关键技术及其共存与兼容技术"作为无线通信共性技术与创新技术的研究内容，鼓励国内学者加强这方面的研究工作。到目前为止，国内的超宽带技术在商用短距离、高速无线连接方面的应用还只是起步阶段，没有真正能够用于商用化的产品。而超宽带技术用于室内定位也只是停留在理论研究方面。因此，对于超宽带无线通信所涉及的理论问题和关键技术的深入研究具有理论价值和实用价值。

9.3 低功耗广域网通信技术

9.3.1 低功耗广域网通信技术概述

短距离无线通信技术一般用于智能家居、工业数据采集等局域网通信场景，其优势是部署成本低、功耗低、传输速率高，但劣势也很明显，即传输距离短（一般几十米以内）。随着联网设备增多、设备的类型及应用场景多样化，越来越多的设备需要广范围、远距离的连接，如设备远程控制、物流定位追踪等。而 GPRS、3G、4G 等蜂窝网络虽然覆盖范围广，但基于移动蜂窝通信技术的物联网设备有功耗大、成本高等劣势。为满足越来越多远距离物联网设备的连接需求，低功耗广域网应运而生。

低功耗广域网（Low Power Wide Area Network，LPWAN）是一种使用较低功耗实现远距离无线信号传输的通信网络。与蓝牙、Wi-Fi、ZigBee 等无线连接技术相比，LPWAN 的传输距离更远，可以实现几千米甚至几十千米的网络覆盖；与移动蜂窝通信技术（如 GPRS、3G、4G 等）相比，LPWAN 具有更低的功耗，目前，LPWAN 的应用多是以电池供电为主的应用，由于其通信频次低、数据量小，一般电池可以工作几年。

总的来讲，低功耗广域网络主要具有以下技术特性：

（1）低功耗　一般的物联网设备无法使用电源直接供电，电池使用寿命即成为首要考虑的需求，LPWAN 对此进行技术优化，使得电池供电设备工作时间可长达数年。

（2）远距离　LPWAN 针对的是室外或者远距离的无线连接需求，所以传输距离更远，覆盖范围更广，可达几十千米。

（3）大容量　传统的无线蜂窝网络首要的连接对象是人，物联网的连接对象是物，而物的数量远远超过人的数量，这就要求 LPWAN 有更大的容量，避免网络的拥挤和设备间的干扰。

（4）低成本　相对于其他蜂窝网络芯片，LPWAN 终端芯片设计大大简化，从而大幅度降低成本，模组、终端的成本也随之大幅降低，使得设备接入门槛降低。

9.3.2 典型的低功耗广域网通信技术

基于无线频谱的授权与否，低功耗广域网技术可以分为授权频谱技术和非授权频谱技术两大阵营。其中，授权频谱技术主要包括 LoRa 技术、Sigfox 技术、Ingenu 公司的 RPMA 技术、国内纵行科技自主研发的 ZETA 技术等；非授权频谱技术主要包括传统运营商和通信设备商主推的 NB-IoT 技术、eMTC 技术、EC-GSM 技术等。下面对当今市场上的主流低功耗广域网技术进行介绍。

1. LoRa 技术

LoRa 是一种基于扩频技术的超远距离无线传输方案。它的名字来源于 "Long Range" 的缩写，从名字就能看出，它的最大特点是传输距离长。

LoRa 起源于法国，最早由法国公司 Cycleo 推出。2012 年，Semtech 收购了拥有 LoRa 技术的 Cycleo。2013 年 8 月，Semtech 向业界发布了名为 LoRa 的一种新型 Sub-1GHz 频段的扩频通信芯片，最高接收灵敏度可达 -148dBm，主攻远距离、低功耗的物联网无线通信市场。

在市场推广方面，Semtech 联合多家厂商成立 LoRa 联盟，并以 LoRa 技术为基础共同开展 LoRaWAN 标准的制定工作和构建产业生态系统。LoRaWAN 是一种低功耗广域网规范，适用于在地区、国家或全球网络中以电池供电的无线设备。

LoRa 主要的运行频段为 433MHz、868MHz、915MHz。LoRa 的网络架构如图 9-1 所示。它包括四个部分：终端（End Nodes）、基站（Concentrator）/ 网关（Gateway）、网络服务器（Network Server）、应用服务器（Application Server）。基本工作流程是：由多个终端采集底层数据，通过 RF/LoRaWAN 技术将数据发送到基站 / 网关，然后通过 3G/ 以太网通信技术将数据发送到网络服务器，网络服务器将数据发送到应用服务器。

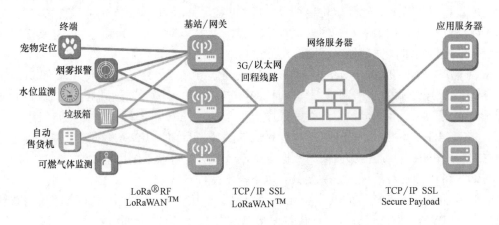

图 9-1　LoRa 的网络架构

LoRa 因其低功耗、传输距离长、组网灵活等诸多特点，被广泛部署在智能社区、智能家居和建筑、智能电表、智能农业、智能物流等多个垂直行业，能够满足物联网碎片化、低成本、大连接的需求。因此，LORA 具有非常广阔的应用前景。

2. Sigfox 技术

Sigfox 在 2010 年成立初期即推出了工作在 Sub-1GHz 非授权频段的低功耗广域网技术，旨在构建低成本、低功耗的物联网专用网络。该技术从物联网的实际传输需求出发，对数据包格式、系统带宽、网络拓扑、核心网等各方面进行了限制和简化，以最大程度降低功耗、延长传输距离、扩充网络容量。

Sigfox 网络架构如图 9-2 所示，可以分为三个部分。左边终端部分是开放的，与多个射频芯片公司进行无线前端连接的合作，为用户提供多射频芯片供应商的选择，但必须符合 Sigfox 网络认证。中间的 Sigfox Gateway 和 Sigfox Cloud 部分由 Sigfox 公司提供，即 Sigfox 网络和 Sigfox 网络服务器或设备管理服务器由 Sigfox 提供。右边是业务应用部分，包括应用服务器、网络客户端或应用程序等。

3. ZETA 技术

ZETA 技术由我国的厦门纵行信息科技有限公司自主研发。ZETA 的网络架构如图 9-3 所示，主要是由接入点（AP 基站、PoE 或太阳能供电）、Mesh 中继（可选，电池供电）和传感终端（电池供电）组成。Mesh 中继由电池供电，通过低功耗的多跳自组网，可以保证网络的覆盖及数据传输的高效性和可靠性，并具有通信模块的功能。Mesh 中继可以扩大基站的覆盖范围，提高 LPWAN 的可扩展性。通过虚拟正交频分多址机制，ZETA 可以使终端和网络设备处于深度睡眠状态，直到需要发送数据时才被唤醒，从而降低了功耗。基于窄带 / 超窄带技术，ZETA 在频谱利用率上具有明显的优势。

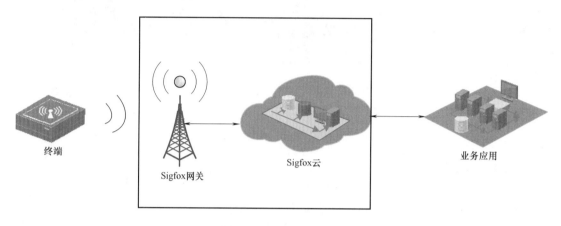

图 9-2　Sigfox 网络架构

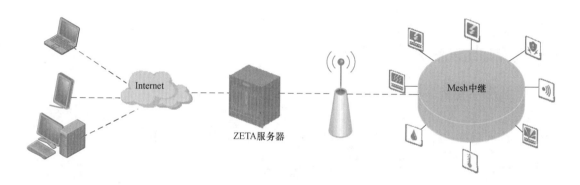

图 9-3　ZETA 网络架构

4. NB-IoT 技术

NB-IoT（Narrow Band Internet of Things）是 3GPP 针对低功耗物联网业务进行深度优化的窄带移动物联网技术标准。NB-IoT 的网络架构如图 9-4 所示，NB-IoT 终端通过空中接口连接到基站，eNodeB 主要承担空中接口接入处理和其他相关功能，并通过 S1-lite 接口与 IoT 核心网进行连接，将非接入层数据转发给高层网元进行处理。IoT 核心网承担与终端非接入层交互的功能，并将 IoT 业务相关数据转发到 IoT 平台进行处理。这里，NB-IoT 可以独立组网，也可以与 LTE 共用核心网。IoT 平台汇聚从各种接入网得到的 IoT 数据，并根据不同类型转发至相应的业务应用服务器进行处理。应用服务器是 IoT 数据的最终汇聚点，根据客户的需求进行数据处理等操作。

NB-IoT 具备四大特点：第一，覆盖范围广，在同一频段，NB-IoT 比现有网络增益高 20dB，覆盖面积扩大 100 倍；第二，它有能力支持大规模的连接，NB-IoT 的一个扇区可以支持 100000 个连接；第三，功耗低，NB-IoT 终端模块待机时间长达 10 年；第四，模块成本低。

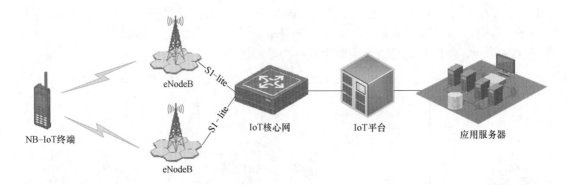

图 9-4　NB-IoT 网络架构

5. eMTC 技术

eMTC（Enhance Machine Type Communication）是基于 LTE 协议演进而来的，为了更加适合物与物之间的通信，也为了更低的成本，对 LTE 协议进行了裁剪和优化。eMTC 基于蜂窝网络进行部署，其用户设备通过支持 1.4MHz 的射频和基带带宽，可以直接接入现有的 LTE 网络。eMTC 支持上下行最大 1Mbit/s 的峰值速率，支持移动性和基站定位，可实现漫游和无缝切换，并且支持 VoLTE 语音。

9.4　蜂窝移动通信技术

9.4.1　蜂窝移动通信发展历程

蜂窝移动通信发展至今，大约每 10 年完成一次标志性的技术革新，经历了从语音业务到高速宽带数据业务的飞跃式发展。蜂窝移动通信发展历程如图 9-5 所示。

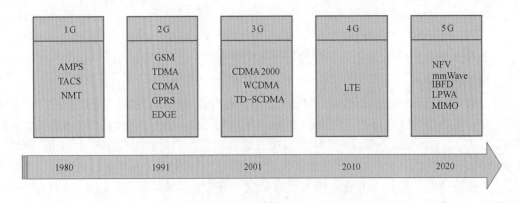

图 9-5　蜂窝移动通信发展历程

1. 1G

第一代（1G）移动通信技术是指最初模拟的、仅限语音的蜂窝电话标准，制定于 20 世纪 80 年代。说起第一代移动通信系统，就不能不提大名鼎鼎的贝尔实验室。1978 年底，美国贝尔实验室研制成功了全球第一个移动蜂窝电话系统——先进移动电话系统（Advanced Mobile Phone System，AMPS）。AMPS 采用频率复用技术，可以保证移动终端在整个服务覆盖区域内自动接入公用电话网，具有更大的容量和更好的语音质量，很好地解决了公用移动通信系统所面临的大容量要求与频谱资源限制的矛盾。AMPS 在美国的迅速发展促进了在全球范围内对蜂窝移动通信技术的研究。到 20 世纪 80 年代中期，欧洲多国和日本也纷纷建立了自己的蜂窝移动通信网络，主要包括欧洲的全址接入通信系统（Total Access Communication System，TACS）和北欧移动电话（Nordic Mobile Telephony，NMT）。中国的第一代移动通信系统于 1987 年在广东第六届全运会上开通并正式商用，采用的是英国 TACS 制式。1G 移动通信系统在商业上取得了巨大的成功，但是采用模拟信号进行数据传输的弊端也日益凸显，包括频谱利用率低、业务种类有限、无高速数据业务、保密性差以及设备成本高等。

2. 2G

为了解决模拟系统中存在的根本性技术缺陷，1991 年，第二代（The 2nd Generation，2G）移动通信系统即数字移动通信技术应运而生。2G 移动通信系统主要采用的是时分多址（Time Division Multiple Access，TDMA）接入技术和码分多址（Code Division Multiple Access，CDMA）接入技术，并采用数字调制技术。它提供了更高的网络容量，改善了语音质量和保密性，因而在商业上取得巨大成功。其主要代表技术是欧洲的全球移动通信系统（Global System for Mobile Communication，GSM）、北美先进的数字移动电话系统（Digital-Advanced Mobile Phone System，DAMPS）和 IS-95 数字蜂窝标准。GSM 首次使全球漫游成为可能，并且被广泛接受。因为 2G 移动通信系统旨在传输语音和低速率数据服务，所以它也被称为窄带数字通信系统。为了解决中速数据传输的问题，通用分组无线服务（General Packet Radio Service，GPRS）技术、增强数据速率的 GMS 演进（GSM 增强数据，EDGE、增强数据）技术和 IS-95B 相继出现。这一阶段的移动通信均以语音以及中低速数据业务为主。

3. 3G

随着网络的发展，数据和多媒体业务飞速发展。2001 年，以数字多媒体移动通信为目的的第三代（The 3rd Generation，3G）移动通信系统进入商用阶段。3G 移动通信系统能够支持高速数据传输。其主要技术代表是北美的 CDMA2000、欧洲和日本提出的宽带码分多址移动通信系统（Wideband Code Division Multiple Access，WCDMA）、我国的时分同步码分多址技术（Time Division-Synchronization Code Division Multiple Access，TD-SCDMA）。在 3GPP 的牵头下，WCDMA 系统逐渐演变成高速下行分组接入（High Speed Downlink Packet Access，HSDPA）和高速上行分组接入（High Speed Uplink Packet Access，HSUPA）系统，其峰值速率可以达到下行 14.4Mbit/s 和上行 5.8Mbit/s。而后又进一步发展为增强型高速分组接入（High-Speed Packet Access+，HSPA+）技术，其峰值速率可以达到下行 42Mbit/s 和上行 22Mbit/s，该系统目前仍广泛应用于现有的移动通信系统中。

4. 4G

随着移动宽带数据需求的不断增长，3GPP 在 2004 年底设立了 LTE（Long-Term Evolution，长期演进）标准化项目，历时近四年，于 2008 年 12 月完成了 LTE 第一个版本的技术规范，即 R8。LTE 专为移动互联网应用而设计。它基于 OFDM（正交频分多址）、MIMO（多输入多输出）等核心技术，并采用扁平化、全 IP 和全分组交换的新网络架构来实现无线通信，极大地提升了无线传输速率和频谱效率。

数据通信与网络技术

之后，为了推动 LTE 技术的进一步发展，3GPP 在通过 R9 对 LTE 标准进行局部增强后，于 2009 年启动了 LTE 演进标准 LTE-A 的研究和标准化工作，并相继完成了 R10、R11和 R12 版本。其中，R10 版本的 LTE-A 标准支持 100MHz 带宽，峰值速率超过 1Gbit/s，于2010 年 9 月被国际电信联盟（ITU）正式接受为 IMT-Advanced（4G）国际标准。

自 2008 年第一个版本发布以来，LTE 得到了移动通信产业界最广泛的支持，已成为事实上的全球统一 4G 标准。LTE 包括 TD-LTE 和 LTE-FDD 两种双工方式，其中，我国首先提出并最先形成国际标准的 TD-LTE 已成为全球非成对频谱部署宽带移动通信系统的最佳技术选择。在 2010 年，我国提交了 TD-LTE 的演进版本 TD-LTE-A，其与 LTE-AFDD 一起，被接受为 4G 国际标准。

5.5G

第五代移动通信技术（5G）是最新一代的蜂窝移动通信技术，也是继 4G 系统之后的延伸。5G 的性能目标是高数据速率、减少延迟、节省能源、降低成本、提高系统容量、与大规模设备连接。2019 年 10 月，5G 基站入网正式获得了工信部的批准。工信部颁发了国内首个 5G 无线电通信设备进网许可证，标志着 5G 基站设备正式接入公用电信商用网络。2019 年 10 月 31 日，三大运营商公布 5G 商用套餐，并于 2019 年 11 月 1 日正式上线。

9.4.2　5G 网络架构及关键技术

1.5G 网络架构

5G 网络架构如图 9-6 所示。5G 网络整体延续了 4G 的特点，包括接入网、核心网和上层应用。为了满足 5G 移动互联网和移动物联网的多样化业务需求，5G 网络在核心网络和接入网络中均采用了新的关键技术，实现了技术创新和网络转型。

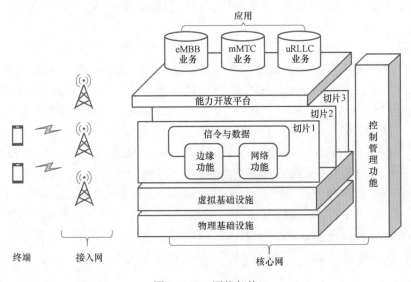

图 9-6　5G 网络架构

2.5G 关键技术

5G 采用的主要关键技术如下：

（1）服务化架构　在 5G 服务化架构中，将网络功能以服务的方式对外提供，不同的网络功能服务之间通过标准接口进行互通，支持按需调用、功能重构，从而提高核心网的灵活

154

性和开放性。5G 服务化架构是 5G 时代迅速满足垂直行业需求的重要手段。

（2）网络功能虚拟化　采用虚拟化技术将传统网络的专用网元进行软硬件解耦，构造出基于统一虚拟设施的网络功能，实现资源的集中控制、动态配置、高效调度和智能部署，缩短网络运营的业务创新周期。

（3）网络切片　网络切片可在一个物理网络上切分出功能、特性各不相同的多个逻辑网络，同时支持多种业务场景。基于网络切片技术，可以提高网络资源利用率，隔离不同业务场景所需的网络资源。

（4）边缘计算　边缘计算是在网络边缘、靠近用户的位置提供计算和数据处理能力，以提升网络数据处理效率，满足垂直行业对网络低时延、大流量以及安全等方面的需求。

（5）网络能力开放　5G 网络可以通过能力开放接口将网络能力开放给第三方应用，以便第三方按照各自的需求设计定制化的网络服务。

（6）接入网关键技术　5G 在接入网采用灵活的系统设计来支持多业务、多场景，采用新型信道编码方案和大规模天线技术等以支持高速率传输和更优覆盖。

9.4.3　5G 网络应用场景

面向未来，移动互联网和物联网业务将成为移动通信发展的主要驱动力。5G 将满足人们在居住、工作、休闲和交通等的多样化业务需求，即便在密集住宅区、办公室、体育场、露天集会、地铁、快速路、高铁和广域覆盖等具有超高流量密度、超高连接数密度、超高移动性特征的场景，也可以为用户提供超高清视频、虚拟现实、增强现实、云桌面、在线游戏等的极致业务体验。与此同时，5G 还将渗透到物联网及各种行业领域，与工业设施、医疗仪器、交通工具等深度融合，有效满足工业、医疗、交通等垂直行业的多样化业务需求，实现真正的"万物互联"。

5G 将解决多样化应用场景下差异化性能指标带来的挑战，不同应用场景面临的性能挑战有所不同，用户体验速率、流量密度、时延、能效和连接数都可能成为不同场景的挑战性指标。从移动互联网和物联网主要应用场景、业务需求及挑战出发，可归纳出连续广域覆盖、热点高容量、低功耗大连接和低时延高可靠四个 5G 主要技术场景。

（1）连续广域覆盖场景　移动通信最基本的覆盖方式，以保证用户的移动性和业务连续性为目标，为用户提供无缝的高速业务体验。该场景的主要挑战在于随时随地（包括小区边缘、高速移动等工作环境）为用户提供 100Mbit/s 以上的用户体验速率。

（2）热点高容量场景　主要面向局部热点区域，为用户提供极高的数据传输速率，满足网络极高的流量密度需求。1Gbit/s 的用户体验速率、数十 Gbit/s 的峰值速率和数十 Tbit/（s·km²）的流量密度需求是该场景面临的主要挑战。

（3）低功耗大连接场景　该技术场景主要面向智慧城市、环境监测、智能农业、森林防火等以传感和数据采集为目标的应用场景，具有小数据包、低功耗、海量连接等特点。这类终端分布范围广、数量众多，不仅要求网络具备超千亿连接的支持能力，满足 100 万 /km² 连接数密度指标要求，而且还要保证终端的超低功耗和超低成本。

（4）低时延高可靠场景　该技术场景主要面向车联网、工业控制等垂直行业的特殊应用需求，这类应用对时延和可靠性具有极高的指标要求，需要为用户提供毫秒级的端到端时延和接近 100% 的业务可靠性保证。

本章小结

本章简要介绍了无线通信技术的发展历程、应用和发展趋势。然后对短距离无线通信技术、低功耗广域网通信技术、蜂窝移动通信技术的相关概念、技术特点、应用场景和典型技术进行了详细介绍。

思考与练习

一、选择题

1. 无线局域网（WLAN）的传输介质是_____。

A. 红外线　　　　　　B. 无线电波　　　　　C. 载波电流　　　　　D. 卫星通信

2. 802.11 协议定义了无线的_____。

A. 物理层和数据链路层　　　　　　　　B. 网络层和 MAC 层

C. 物理层和介质访问控制层　　　　　　D. 网络层和数据链路层

3. 伴随无线传感器网络的迅猛发展，ZigBee 技术作为最近发展起来的一种便宜的、低功耗的_____通信技术。

A. 远距离无线组网　　　　　　　　　　B. 近距离有线组网

C. 近距离无线组网　　　　　　　　　　D. 近距离有线组网

4. 蓝牙通信距离一般在_____内，发射功率为 1mW。当发射功率增到 100mW 时，通信距离可到 100m 左右。

A. 10m　　　　　　　B. 5m　　　　　　　C. 2m　　　　　　　D. 1m

5. 所谓 3G，就是指第三代（3rd-Generation，3G）移动通信技术，是一种支持高速数据传输的蜂窝移动通信技术。3G 服务能够同时传送声音及数据信息，速率一般在几百 kbit/s 以上。目前全球 3G 标准中，_____不包括在内。

A. WCDMA　　　　　B. CDMA2000　　　C. TD-SCDMA　　　D. GSM

6. 不同无线标准 Wi-Fi 的速率不相同，其中，在 IEEE 802.11a、IEEE802.11b、IEEE 802.11g、IEEE 802.11n 中，传输速率最快的是_____。

A. IEEE 802.11a　　　B. IEEE 802.11b　　　C. IEEE 802.11g　　　D. IEEE 802.11n

7. 电子标签正常工作所需要的能量全部都是由阅读器供给的，这一类电子标签称为_____。

A. 有源标签　　　　　B. 无源标签　　　　　C. 半有源标签　　　　D. 半无源标签

8. 第二代身份证是符合_____协议的射频卡。

A. ISO/IEC 14443 TYPE A　　　　　　　B. ISO/IEC 14443 TYPE B

C. ISO/IEC 15693　　　　　　　　　　　D. ISO/IEC 18000-6

9. 一般的 Wi-Fi 路由器都可以自由设置 1～11 个信道，每个信道占用的带宽是_____，两信道之间大部分是互相重叠的。

A. 22MHz　　　　　　B. 5MHz　　　　　　C. 16MHz　　　　　　D. 32MHz

10. 在 IEEE 802.15.4 标准协议中，规定了 915MHz 物理层的数据传输速率为_____。

A. 250kbit/s　　　　　B. 40kbit/s　　　　　C. 350kbit/s　　　　　D. 100kbit/s

二、简答题

1. 简述射频识别系统的基本工作原理。

2. 简述 RIFD 读写器的功能。

3. 简述 ZigBee 技术的特点及应用场景。

4. 与有线网相比，无线局域网具有哪些优点？

5. 蓝牙技术有哪些特点？主要应用有哪些？

6. 超宽带技术有哪些应用？

7. 什么是蜂窝移动通信？移动通信有哪些特点？

8. 无线个域网的主要特点是什么？

第10章
智能机器人操作系统

机器人操作系统的发展与计算机操作系统的发展十分类似。早期的计算机没有操作系统。开发人员需要直接面对硬件，并且各硬件厂商的产品可能提供了不同的接口和使用方法，给开发人员带来了很多重复性工作。而操作系统的诞生解决了这一问题。每种操作系统都拥有自己的驱动模型。硬件厂商只需要按照驱动模型开发驱动程序。用户不必关心底层细节，只需要关注通信系统及功能实现即可，可以说，操作系统的诞生为人们的开发工作提供了极大的便利。

10.1 机器人操作系统（ROS）

机器人操作系统（Robot Operating System，ROS）起源于 2007 年斯坦福大学人工智能实验室的项目与机器人技术公司 Willow Garage 的个人机器人项目（Personal Robots Program）之间的合作，2008 年之后就由 Willow Garage 来进行推动。该项目研发的 PR2 机器人（如图 10-1 所示）在 ROS 框架的基础上可以完成打台球、插插座、做早饭等惊人的操作，由此 ROS 引起了广泛的关注。2010 年，Willow Garage 正式开放 ROS 源代码，很快在机器人领域掀起了新的浪潮。

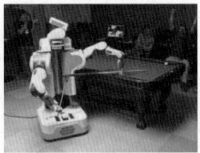

图 10-1 PR2 机器人

ROS 提供了操作系统应有的服务，包括硬件抽象、底层设备控制、常用函数的实现、进程间消息的传递等。它也提供用于获取、编译、编写和跨计算机运行代码所需的工具和库函数。同时，ROS 也提供了类似操作系统的中间件。很多开源的运动规划、定位导航、仿真、感知等软件功能包使得这一平台的功能变得更加丰富，发展更加迅速。到目前为止，ROS 在机器人的感知、物体识别、脸部识别、姿势识别、运动理解、结构与运动、立体视觉、控制、规划等多个领域都有相关应用。如图 10-2 所示，ROS 由通信机制、开发工具、应用功能和生态系统四个部分组成。

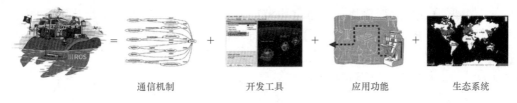

通信机制   开发工具   应用功能   生态系统

图 10-2 ROS 基本构成

ROS 是一个开源的软件系统，采用分布式处理框架，各个软件可以自行、独立地设计，并且在运行时松散耦合。其宗旨是构建一个能够整合不同研究成果的实现算法发布、代码重用的通用机器人软件平台，其中包含一系列的工具、库和约定。

10.2 点对点通信系统基本模型

ROS 的核心功能是提供一种软件点对点的通信机制，其运行架构是一种基于 Socket 网络连接的松耦合架构。这个运行架构中包括一系列进程，这些进程可以驻留在多个不同的主机上，并且在运行的过程中通过点对点的拓扑结构实现通信。图 10-3 所示为一个典型的点对点通信系统的基本模型。

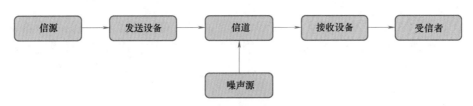

图 10-3 典型的点对点通信系统的基本模型

图 10-3 中，各模块作用如下：

1）信源把待传输的消息转换成原始电信号。

2）发送设备也称为变换器，它将信源发出的信息变换成适合在信道中传输的信号，使原始信号（基带信号）适应信道传输特性的要求。

3）信道是传递信息的通道及传递信号的设施。按传输介质（又称为传输媒质）的不同，信道分为有线信道和无线信道（如微波通信、卫星通信、无线接入等）。

4）接收设备的功能与发送设备相反，把从信道上接收的信号变换成信息接收者可以接收的信息，起着还原的作用。

5）受信者（信宿）是信息的接收者，将复原的原始信号转换成相应的消息。

6）噪声源是指系统内各种干扰影响的等效结果。为便于分析，一般将系统内所存在的干扰（环境噪声、电子器件噪声、外部电磁场干扰等）折合于信道中。

10.3 ROS 通信系统

通信系统智能机器个体以及群体机器人是协调工作中的一个重要组成部分。ROS 将每个工作进程都看作一个节点，使用节点管理器进行统一管理，并提供一套消息传递机制，包括基于主题的异步数据流通信、基于服务的同步 RPC 通信和基于参数服务器的数据传递。程序运行时，所有进程及其所进行的数据处理，将会通过一种点对点的网络形式表现出来。这一级主要包括几个重要概念：节点（Node）、消息（Message）、主题（Topic）、服务（Service）、节点管理器（ROS Master）。

1. 节点

节点就是一些执行运算任务的进程，能够通过主题、服务或参数服务器与其他节点进行通信。节点也可以被称为"软件模块"。使用"节点"可使得基于 ROS 的机器人系统在运行时更加形象化：当许多节点同时运行时，可以很方便地将端对端的通信绘制成一个图表。

2. 消息

节点之间是通过传送消息进行通信的。消息包含一个节点发送到其他节点的数据信息。消息有多种标准数据类型，如整型、浮点型、布尔型等，同时用户也可以基于标准消息开发自定义消息类型。

3. 主题

消息以一种发布 / 订阅的方式传递。一个节点可以在一个给定的主题中发布消息。一个节点针对某个主题关注与订阅特定类型的数据。可能同时会有多个节点发布或者订阅同一个主题的消息。

4. 服务

Web 服务中使用客户端 / 服务器（C/S）模型，客户端发送请求数据，服务器完成处理后返回应答数据，这是十分有效的同步传输模式。在 ROS 中，服务用于请求应答模型，必须拥有一个唯一的名称。当一个节点提供某个服务时，所有的节点都可以使用 ROS 客户端库编写的代码与之通信。

5. 节点管理器

在上面概念的基础上，需要有一个控制器来使所有节点有条不紊地执行，这就是节点管理器（ROS Master）。

ROS Master 通过 RPC（Remote Procedure Call，远程过程调用）提供了登记列表和对其他计算图表的查找。没有节点管理器，节点将无法找到其他节点、交换消息或调用服务。

10.3.1 基于主题的异步数据流通信

ROS 通过主题实现发布订阅模型的消息传递。在主题通信中，发布者发布的数据通过主题传递给订阅者，订阅者不需要反馈给发布者是否收到消息，一个主题可以拥有多个发布者和订阅者，同时一个节点也可以发布或者订阅多个主题。主题的名称必须具有唯一性，否则同名主题之间的消息路由就会发生错误。发布者、订阅者和主题之间的关系如图 10-4 所示。

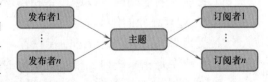

图 10-4　发布者、订阅者和主题之间的关系

为了确保正常的数据流交换，ROS 通过节点管理器来管理发布者与订阅者，使得发布者的消息可以正确地发送给订阅者，因此每当有一个新的发布者或者订阅者产生时，都必须在 ROS Master 上注册信息。当发布者在 ROS Master 上注册时，ROS Master 会保存发布者的 URI（统一资源标识符）和发布者发布的主题。图 10-5 所示为基于主题的数据流通信流程。

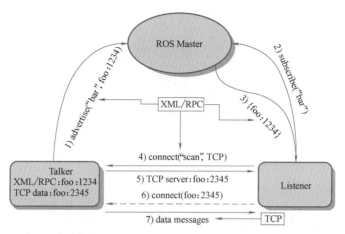

图 10-5　基于主题的数据流通信流程

ROS 的主题通信支持 TCPR 和 UDPS 两种通信协议，如图 10-5 所示，基于主题的数据流通信一般包含以下七个流程。

（1）Talker 注册　Talker 节点启动，通过 XML/RPC 在 ROS Master 上进行注册。注册信息包含发布消息的话题名，注册成功后，ROS Master 会将节点注册信息加入注册列表中。

（2）Listener 注册　Listener 节点启动，通过 XML/RPC 在 ROS Master 上进行注册。注册信息包含需要订阅的话题名，注册成功后，ROS Master 会将节点注册信息加入注册列表中。

（3）ROS Master 进行信息匹配　ROS Master 根据 Listener 的订阅信息从注册列表中进行查找，如果找到匹配的发布者信息，则通过 XML/RPC 向 Listener 发送 Talker 的注册信息。

（4）Listener 发送连接请求　Listener 接收到 ROS Master 发送过来的 Talker 注册信息，通过 XML/RPC 向 Talker 发送连接请求，传输订阅的话题名称、消息类型以及通信协议。

（5）Talker 确认连接请求　Talker 接收到 Listener 发送的连接请求后，通过 XML/PRC 向 Listener 确认连接信息。

（6）Listener 与 Talker 建立网络连接　Listener 接收到确认信息后，使用 TCP 与 Talker 建立网络连接。

（7）Talker 与 Listener 数据通信　建立连接后，Talker 开始向 Listener 发送话题消息数据，接收到的消息保存在回调函数队列中，等待处理。

简单来说，就是当系统中有一个新的订阅者在 ROS Master 上注册时，ROS Master 会根据订阅者订阅的主题，在保存的发布者中寻找与该主题匹配的发布者，然后将这些发布者的 URI 发送给订阅者。订阅者根据发布者的 URI 与这些发布者建立连接，从而接收这些发布者在主题上发布的消息。

10.3.2　基于服务的同步 RPC 通信

发布 / 订阅者模型是典型的点对点通信方式，属于单向传输的方式。请求 / 应答模型是分布式系统常用的信息交互方式。ROS 提供了基于服务的同步 RPC 通信方式，用来实现 RPC 请求 / 应答模型。服务由一对消息组成，一个用于实现请求，一个用来实现应答。

与发布 / 订阅者模型类似，基于服务的同步 RPC 通信也需要通过 XMLRPC 在 ROS Master 上注册服务，客户端节点通过 XMLRPC 在 ROS Master 上寻找与服务对应的服务器端节点，然后与其建立 TCP 连接，进行数据流通信，图 10-6 所示为基于服务的同步 RPC 通信流程。

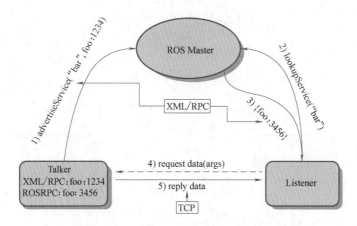

图 10-6　基于服务的同步 RPC 通信流程

如图 10-6 所示，基于服务的同步 RPC 通信一般包含以下五个流程。

（1）Talker 注册　Talker 节点启动，通过 XML/RPC 在 ROS Master 上进行注册。注册信息包含发布的服务名，注册成功后，ROS Master 会将节点注册信息加入注册列表中。

（2）Listener 注册　Listener 节点启动，通过 XML/RPC 在 ROS Master 上进行注册。注册信息包含所查找的服务名，注册成功后，ROS Master 会将节点注册信息加入注册列表中。

（3）ROS Master 进行信息匹配　ROS Master 根据 Listener 的订阅信息从注册列表中进行查找，如果找到匹配的服务，则通过 XML/RPC 向 Listener 发送 Talker 的注册信息。

（4）Listener 与 Talker 建立网络连接　Listener 接收到确认信息后，使用 TCP 与 Talker 建立网络连接，并且发送服务的请求数据。

（5）Talker 与 Listener 数据通信　Talker 接收到服务请求和参数后，开始执行服务功能，执行完成后，向 Listener 发送应答数据。

与发布 / 订阅模型不同的是，同步 RPC 服务通信只支持 TCP，客户端不需要通过 XML/RPC 与服务器端协商共同支持的协议；RPC 服务通信数据是双向的，需要分别发送请求与响应消息来实现数据通信。

10.3.3　基于参数服务器的数据传递

参数服务器是 ROS 上的一种共享的多变量参数字典，一般用来存储一些静态的非二进制数据，如配置参数、机器人模型等文件。节点利用参数服务器获取和存储运行时参数。参数服务器是全局可见的，即所有的节点都可以获取和存储参数。图 10-7 所示为基于参数服务器的数据传递流程。

如图 10-7 所示，基于参数服务器的数据传递一般包含三个流程。

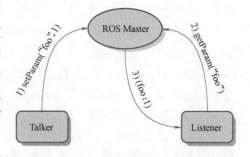

图 10-7　基于参数服务器的数据传递流程

（1）Talker 设置变量　Talker 向 ROS Master 发送参数设置数据，包含参数名和参数值；ROS Master 会将参数名和参数值保存到参数列表中。

（2）Listener 查询参数值　Listener 向 ROS Master 发送参数查找请求，包含所要查找的参数名。

（3）ROS Master 向 Listener 发送参数值　ROS Master 根据 Listener 的查找请求从参数列表中进行查找，查找到参数后，使用 RPC 将参数值发送给 Listener。

本章小结

本章介绍了机器人操作系统（ROS）的相关技术和通信模式等方面的基础知识。通过学习本章知识，学生应能够较全面地理解机器人的通信技术，为后续使用奠定基础。这一章需要重点关注。

ROS 是一个分布式的进程框架，这些进程封装在易于分享和发布的功能包内，每一个进程就是一个软件节点。

ROS 通信系统包括基于主题的异步数据流通信、基于服务的同步 RPC 通信和基于参数服务器的数据传递三种通信机制。

思考与练习

简答题
1. 什么是节点？
2. ROS 有哪些通信机制？
3. 简述主题和服务通信的异同点？
4. 主题通信的步骤有哪些？

参 考 文 献

[1] 谢希仁.计算机网络 [M].7 版.北京：电子工业出版社，2017.

[2] 杨云，邹珺.计算机网络技术项目教程 [M].北京：清华大学出版社，2018.

[3] 田庚林.计算机网络技术基础 [M].3 版.北京：清华大学出版社，2018.

[4] 彭德林.计算机网络基础任务教程 [M].北京：中国水利水电出版社，2016.

[5] 陈家迁.计算机网络技术基础 [M].北京：中国水利水电出版社，2018.

[6] 杨云.Windows Server 2008 网络操作系统项目教程 [M].3 版.北京：人民邮电出版社，2015.

[7] 刘鹏.云计算 [M].3 版.北京：电子工业出版社，2015.

[8] 柳青.计算机网络技术基础：任务驱动式教程 [M].2 版.北京：人民邮电出版社，2014.

[9] 汤昕怡.数据通信与网络技术 [M].南京：南京大学出版社，2014.

[10] 王达.深入理解计算机网络 [M].北京：机械工业出版社，2013.

[11] 戴有炜.Windows Server 2016 系统配置指南 [M].北京：清华大学出版社，2018.

[12] FALL K R，STEVENS W R.TCP/IP 详解：卷 1　协议　原书第 2 版 [M].吴英，张玉，许昱玮，译.北京：机械工业出版社，2016.

[13] TANENBAUM A S，WETHERALL D J.计算机网络：第 5 版 [M].英文版.北京：机械工业出版社，2011.

[14] 雷震甲.网络工程师教程 [M].5 版.北京：清华大学出版社，2018.

[15] 刘化君.计算机网络原理与技术 [M].3 版.北京：电子工业出版社，2017.

[16] 郭雅.计算机网络实验指导书 [M].北京：电子工业出版社，2018.

[17] 王路群.计算机网络基础及应用 [M].4 版.北京：电子工业出版社，2016.

[18] 柴远波.短距离无线通信技术及应用 [M].北京：电子工业出版社，2015.

[19] 江林华.5G 物联网及 NB-IoT 技术详解 [M].北京：电子工业出版社，2018.

[20] 董健.物联网与短距离无线通信技术 [M].2 版.北京：电子工业出版社，2016.